U0175278

山东省人文社会科学重大项目:生态哲学研究（16AWTJ01）
山东大学新古典主义视野下的世界文化研究项目

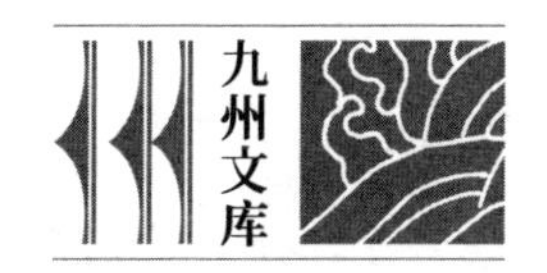


# 绿色·简约·共存的智慧

王华平　李胜辉 著

九州出版社
JIUZHOUPRESS

图书在版编目（CIP）数据

绿色·简约：共存的智慧／王华平，李胜辉著．--北京：九州出版社，2022.1

ISBN 978-7-5225-0800-9

Ⅰ.①绿… Ⅱ.①王…②李… Ⅲ.①生态学—研究—中国 Ⅳ.①Q14

中国版本图书馆CIP数据核字（2022）第016728号

**绿色·简约：共存的智慧**

作　　者　王华平　李胜辉　著
责任编辑　云岩涛
出版发行　九州出版社
地　　址　北京市西城区阜外大街甲35号（100037）
发行电话　（010）68992190/3/5/6
网　　址　www.jiuzhoupress.com
印　　刷　唐山才智印刷有限公司
开　　本　710毫米×1000毫米　16开
印　　张　13.5
字　　数　189千字
版　　次　2022年1月第1版
印　　次　2022年1月第1次印刷
书　　号　ISBN 978-7-5225-0800-9
定　　价　95.00元

# 前　言

肇始于18世纪的工业革命为人类创造了巨额财富，带来了前所未有的社会繁荣。随后，人类社会在短短的百年间又经历第二次工业革命和第三次工业革命。人类由此进入了信息时代。这个时代呈现出了以往任何时代都没有的社会发展速度，人们的物质生活得到极大的提升和发展，人类的生产和生活方式也有了根本性的进步和变革。可以说，从来没有一个时代能像我们这个时代的人们一样如此深刻地体会到进步的含义。然而，这种进步和繁荣的产生并不是没有代价的。自20世纪50-60年代以来，随着全球工业化进程的不断加快，为了自身社会的发展和与其他国家进行国际竞争的需要，各国普遍采用单纯追求高利润的经济发展模式，这种单一的经济发展模式带来了一系列的恶果，比如土地退化、海洋资源破坏、空气和水资源污染，能源危机和生物多样性减少等。这些恶果的具体表现有“洛杉矶光化学烟雾”“伦敦烟雾”“日本骨痛病”等八大公害事件。工业和经济发展为人类社会带来进步和繁荣的同时也带来了严重的生态危机。人类赖以生存的自然环境和资源面临枯竭的危险，与生态危机相伴随的是人类自身的生存危机。

事实上，生态危机的出现已经不再局限于某一个特定的文化或某一个特定的地理区域，它不仅在经济发达国家中存在，而且也在经济落后国家中存在；不仅在东方世界中存在，而且也在西方国家中存在。换言之，生态危机已经成为人类社会的普遍性问题。对于这一普遍性的社会问题，只有全世界各国联合起来，相互协作，才有解决的可能。不过，有效地应对生态危机，人们首先要做的是找到它的根源。只有找到生态危机产生的根源，我们才能找到有效地解决它的途径。那么，生态危机产生的真正原因是什么呢？为什么生态危机会成为全球普遍存在的问题呢？

对于这些问题，学者们，不论是自然科学家、社会科学家甚至是哲学家都尝试提供某种答案。这些答案总结起来主要集中于这样几个方面：人口的膨胀；工业化的发展；科学技术的滥用和过度消费。当然，也有学者“认定资本主义崛起以来人类政治的失范才是真正的罪魁祸首”。[①] 除了这些具体的根源，还有学者把批判的矛头指向更深层的原因——人类中心主义（anthropocentrism）。其中最具影响力的当属美国历史学家林恩·怀特（Lynn White）。他于1967年在《科学》杂志上发表了《我们的生态危机的历史根源》（The Historical Roots of Our Ecologic Crisis）一文。他在这篇文章中把人类所面临的生态危机的根源定位于西方文化中的基督教。他指出：

基督教，尤其是在它的西方形态中是一种世界上已知的最为人类中心主义的宗教。……基督教与古代异教和亚洲诸宗教（或许拜火教除外）完全不同，它不仅确立了人与自然的二元论，而且还强调人类为

---

① ［德］丹尼尔·A. 科尔曼. 生态政治：建设一个绿色的社会［M］. 梅俊杰，译. 上海：上海译文出版社，2002：1.

了自己特有的目的开发自然是上帝的意志。①

在他看来，基督教因其是最为人类中心主义的宗教而应对生态危机负有不可推卸的责任，只有选择一种非人类中心主义的宗教去取代人类中心主义的宗教才可能解决人类目前所面临的危机。从他的观点中可以得出的进一步的推论是，人类所持有的人类中心主义的价值观念才是生态危机的真正根源，拒斥这种价值观念是人类走出生态危机的必由之路。

如果说学者们所提出的具体的对生态危机根源的诊断所促成的是具体的、有针对性的解决方案的产生，那么关于生态危机根源的人类中心主义诊断则需要提供更深层次的解决方案。在提供更深层次的方案上，环境哲学家们扮演了重要的角色。对于人类中心主义的批判构成了环境哲学的重要研究内容之一。人类中心主义的价值观念认为，人类是自然界中唯一具有“内在价值”（intrinsic value）的存在物，自然事物只是由于其可以满足人类的需要而被认为具有“工具价值”（instrument value），自然事物没有内在价值，人是一切价值的尺度。环境哲学家们尝试把内在价值或道德权利赋予人类以外的非人类存在物，以此来拒斥人类中心主义。由此，产生了多种不同的非人类中心主义的环境哲学理论，主要有：动物权利论、生物中心主义和生态中心主义等。这些理论各自在不同程度上把道德权利扩展向特定的非人类存在物。它们极大地促进了环境哲学的发展，同时也为西方环境运动的发展提供了强有力的思想武器。

---

① WHITE L. The Historical Roots of Our Ecologic Crisis [J]. *Science*, 1967, 155 (3767): 1205.

实践层面上，在与环境哲学的相互作用下，现代西方环境运动也开始蓬勃发展起来，由此形成了在现代西方社会中产生极大影响的“绿色思潮”。论及“绿色思潮”，就不能不提及环境哲学，尤其是其中的深生态学思想所带来的影响。深生态学区分了两种不同意义的生态学：深生态学（deep ecology）和浅生态学（shallow ecology）。① 虽然它们两者都尝试运用生态学去解决生态危机问题，但是它们两者之间存在着根本性的差异：前者是非人类中心主义的；后者是人类中心主义的。深生态学理论的坚持者认为前者才是解决生态危机问题的根本路径。由于当代西方“环境思潮”兴起的早期实践在很大程度上受到以深生态学为代表的环境哲学思想的影响，从而呈现出“深绿”的色彩。“深绿”环境运动的倡导者把人类中心主义的价值观念以及以此观念为支撑的科学技术作为批判对象，希望通过拒斥科学技术以及人类中心主义观念来解决生态危机。由此，“深绿”奠定了当代西方环境运动的初始色调。

然而，随着现代西方环境运动的发展，不论是在理论上还是实践上都暴露出一些严重的问题。在理论上，像深生态学这样的生态中心主义观点要么被认为过于抽象和理想化，要么被认为在思想逻辑上存在着严重的反人类倾向。② 而在实践上，“深绿”环境运动因其浪漫主义的反科学和反文明的态度而越来越走向激进。为了应对这些问题，当代西方环境运动不论是在思想上还是实践上都开始进行自我反思和调整，环境运动的基本色调也开始发生转变。20 世纪 90 年代环境运动在思想层面开始由反人类中心主义转变为弱的人类中心主义；而在实践层面上开始

---

① NAESS A. *The Shallow and the Deep, Long-Range Ecological Movement* [M] //POJMAN L P, POJMAN P, MCSHANE K. *Environmental Ethics: Readings in Theory and Application*. Stanford: Cengage Learning, 2017: 218-222.

② [美] 纳什. 大自然的权利 [M]. 杨通进, 译. 青岛: 青岛出版社, 1995: 185-188.

由“深绿”转变为“浅绿”，同时也有学者把环境问题与马克思主义者对资本主义的批判联系在一起而提出了“红绿”思想。

在上述转变过程中，“绿色思潮”不管是在理论上还是在实践上都由激进趋于温和。理论上，弱的人类中心主义被提出用以淡化“深绿”所代表的非人类中心主义的激进色彩。弱的人类中心主义也被称为现代的人类中心主义，以区别于传统的人类中心主义或强的人类中心主义。强的人类中心主义与弱的人类中心主义在人与自然关系的理解上如出一辙，即都主张自然对于人类仅具有工具价值；它们的不同之处在于，前者认为人类在人与自然的关系中处于支配地位，人类可以按照自己的意愿无节制地开发和利用自然，而后者则认为人类对自然无节制的开发和利用行为应该受到合理的限制。弱的人类中心试图修正非人类中心主义观点中所蕴含的浪漫主义和反人类倾向，同时又保留人类中心主义中的合理部分。非人类中心主义向弱的人类中心主义的转变在实践层面体现为“深绿”向“浅绿”的转变。“浅绿”认为“深绿”所给出的解决生态危机的方案是以牺牲人类的发展和社会进步为代价的，其中的反科学和反智倾向带有强烈的乌托邦色彩，不可能在现实中真正付诸实践。“浅绿”则强调科学技术在社会发展和环境治理上的作用，主张通过革新技术和制定完善的环境政策来解决生态危机。

然而，这种转变的发生并没有消弭或者减少学者们之间的争论。“浅绿”旨在削弱“深绿”激进的反智和反人类倾向，尝试在人类自身的生存和发展与环境保护之间取得某种折中，从而使“绿色思潮”在实践上更具可操作性。不过，此种理论尝试似乎并不为其反对者认同。“红绿”对于“深绿”和“浅绿”都持否定态度。“红绿”的加入使已经难分难解的争论更加趋于激烈。“红绿”的倡导者认为，虽然“深绿”和“浅绿”之间存在着差异，但是它们在生态危机根源的诊断上存在着同样的问题。“深绿”和“浅绿”都把某种文化观念视为生态危机的根源，在它们的坚持者看来，只要改变这种文化价值观念就可以解决生态危机。不过，在“红绿”的坚持者看来，生态危机产生的根源是资本主义制度而非某种文化价值观念，只有变革资本主义制度才能根治生态危机。从“绿色思潮”发展的历程以及在其中所产生的争论来看，似乎单就理论层面而言，学者们鲜有共识达成，由此导致的结果是，人们在实践上同样很难达成一致。由此，可以说环境运动不论是在理论上还是在实践上都存在着很多的难题。

对于上述难题，一部分环境哲学家最先做出了理论上的表述和反思。2007 年 2 月，15 位环境哲学家齐聚美国北得克萨斯大学，召开了一次题为“环境哲学的未来”的学术会议。在为期两天的会议中，学者们深入地讨论了环境哲学作为哲学学科以及在教育、学术出版、专业会议以及社会实践等方面的问题。与会的环境哲学家们尝试通过确认环境哲学当前所面临的各种挑战，分析和澄清这些挑战产生的原因，并试图为环境哲学的未来走向找到切实可行的路径。与会的哲学家们一致认为，虽然环境哲学经过学者们的不懈努力极大地提高人们对环境问题的认知深度并且在社会上产生了广泛的影响，但是它在哲学共同体内部并不为主流的哲学家所认可，在共同体外部又不为科学家所重视。这些问题的具体表现是：虽然自从环境哲学这门学科诞生以来，环境哲学家们都在努力为环境哲学构筑一个合理而又坚实的哲学基础，但是环境哲学家的这些努力始终不为主流的哲学家所认可，主流哲学家们认为，环境哲学并不应该被视为真正的哲学分支，因为环境哲学的讨论大多缺乏严密的论证和审慎的理性思考；而在实践中，它又不为从事经验研究的科学家和环境政策的制定者所接受，因为他们认为环境哲学太过抽象和理论化，无益于现实环境问题的解决。① 环境哲学家们所做出的这一论断已经足以说明，环境哲学在有关生态危机的理论问题和实践问题的解答上存在局限和不足。

到这里，我们会发现“绿色思潮”发展至今，还有一些基本的问题没有得到解决。生态危机的根源究竟是什么？是某一个具体的原因，比如技术的滥用或工业化的极速发展，还是特定的文化价值观念或社会制度？我们在理论上应该坚持一种什么样的观点才能使我们在环境治理的实践中既能做到保护环境又能兼顾到人类自身的生存和发展？如果为了保护环境而对人类的行为进行限制，那么这个限制的限度又在哪里呢，或者是否存在这个限度呢？可以说，这些都是“绿色思潮”发展过程中所涉及的核心问题。然而，目前为止，学者们很少在某一个或几个问题上达成相对一致的共识。换言之，这些根本性的问题还远远没有解决。如果这些问题不能得到有效的解决，那么解决生态危机只能是一种空谈。如果生态危机不能够得到真正的解决，那么人类面临的考验将会越来越严峻。因而，从目前严重的事态来看，不论是学者们还是普通民众都迫切希望可以找到这些问题的答案，从而为人类真正地走出生态危机的阴霾提供有效的指引和路径。

上述问题，正是本书写作的动因。本书尝试对上述问题提供一个系统的回答，同时提供一条切实可行的解决生态危机的路径。在我们看来，在很多问题上，学者很少达成共识的根本原因在于，他们都未把关于这些问题的讨论建立在一个相对明确的基础之上。或者说，他们在一些基本的观点上都存在严重的分歧。我们知道，生态危机归根结底是一个人与自然的关系问题。那么由此产生的问题是，人与自然之间究竟有

---

① FRODEMAN R, JAMIESON D. The Future of Environmental Philosophy [J]. *Ethics and the Environment*, 2007, 12 (2): 117.

着什么样的关系，以及人与自然之间的关系究竟经历了什么样的变化才呈现出今天的面貌？这些问题是我们首先需要回答的。然而，在我们看来，人们对于这些问题的传统回答，要么是浪漫主义的或者直觉主义的，要么是诉诸宗教的。我们认为这些非理性主义的问题讨论方式才是人们在有关环境哲学问题的讨论中存在分歧的根本原因。所以，想要真正解决这些问题，我们首先需要做的是，把环境哲学的理论和实践的讨论建立在一个合理的基础上。这个合理的基础，我们应该到生物学，尤其是生态学中去寻找。因为，在现代科学学科体系中，生态学是最为集中地讨论人与自然关系的一门学科，也是成果最为丰富的一门学科。我们只有以生态学的研究成果为基础，才能真正地把这些问题的讨论建立在合理的、可靠的基础之上。

在本书中，我们尝试以生态学中有关人与自然关系的研究成果为基础，构造一种生态的人与自然关系观，对人类中心主义与反人类中心主义各自的合理性以及不足之处给出一个基本的判定，同时以此为基础，对“深绿”“浅绿”和“红绿”各自的理论优势和不足做出分析，并最终为整个社会的发展模式指出一条明确的路径以及实践此种路径的方式。这个路径就是汲取“深绿”“浅绿”和“红绿”各自理论优势同时又避开了它们的不足的“亮绿”发展之路，而实现这一路径的具体方式则被称为“简约”。以“亮绿”为核心的“绿色简约”是人类在人与自然关系问题上所具有的共存智慧的直接体现。为了实现这个基本的理论规划，我们在本书中拟从如下几个部分展开论述。

第一，针对有关生态危机的根源问题所产生的争论，我们尝试以生态学的研究成果为基础去寻找答案（第一章和第二章）。我们在有关生态危机根源的讨论中首先需要明确的一个问题是，生态危机并不是某一个国家或某一人类亚文化中存在的个别现象。虽然不同的地域或国家在生态危机的严重程度上存在着差异，但是人类的所有亚文化中都不同程度地面临着生态危机却是一个不争的事实。这个事实应该成为我们探讨生态危机根源的一个基本的立论依据。我们所提供的答案是否恰当，要看这个答案是否能够被这个事实验证。从目前已有的答案来看，它们似乎都能很好地与这个事实相符合。在我们看来，要找到生态危机的真正根源，必须超出特定的区域文化或特定的社会制度，从人类作为一个整体的物种层次上去寻找。或者更具体地说，应该从人类在自然中的位置或人类与自然的关系中去寻找。当代生态学的研究为我们的探讨提供了坚实、可靠的理论基础。生态学的研究对象是有机体之间以及有机体与环境之间的相互作用关系。人类作为一个物种及其与环境之间的相互作用关系，也是生态学的研究对象之一。在生态学中，生态系统完整地囊括了生态学的所有研究对象，生态系统的有机体之间以及有机体与环境之间处于一种相互联系、相互依存的共生或共存关系之中。人类作为地球上最大的生态系统——生物圈中的一员，也与其他生命或非生命存在物处于一种共生或共存的关系之中。然而，事实好像并非如此，以目前人类在生物圈中的位置以及人类活动所带来的后果来看，人类似乎并未真正意识到人类对其他非人类存在物的依赖关系，更看不到非人类存在物对人类的依赖关系。可以说，从我们目前的生存状况来看，生物圈中的几乎每一个角落都留下了人类的烙印，人类已经发展出了前所未有的、强大到足以毁灭整个生物圈的力量。不过，这种力量不是自人类产生以来就有的，它是在人与自然之间相互依存的协进化（co-evolution）过程中发展出来的。人类对于自身的强大力量已经有了充分自我认知，具体体现就是，荷兰大气化学家保罗·克鲁岑（Paul Crutzen）把人类活动对地球带来强烈影响的地质年代称为人类世（Anthropocene）。这个概念的深层含义是，人类当下所面临的一切是人类自身活动的结果，生物圈最终的命运掌握在人类自身的手中。相应地，生态危机的根源，人类只能在自身寻找。在我们看来，人类自身原始的动物天性才是生态危机的真正根源，人类中心主义的价值观念不过是这种动物天性在文化观念上的一种强化。

我们基于对人类世概念所做的分析指出，人类对于自然存在着依赖关系，自然对于人类同样存在着依赖关系。这个基本的论断可以成为我们评价不同的环境哲学理论的基本依据。强的人类中心主义只强调人类自身的价值和需求，而忽视了自然的价值和人类对自然的依赖关系；而非人类中心主义，诸如动物权利论、生物中心论和生态中心论则走向了另一个极端，它们对非人类生命或整个生态系统的强调是以忽视人类自身在生态系统所处的独特位置和人类自身的需求为代价的。可以看到，从人与自然关系的生态学考察出发，一种弱的人类中心观点才能合理地反映人在自然中的位置以及人类与自然之间的关系。弱的人类中心主义要求纠正强的人类中心主义对待自然的强硬态度，强调人类自身对非人类生命以及整个生态系统的责任，主张把人类自身的行为限制在一个合理的范围之内。同时，它并不会为了环境保护而牺牲人类自身的需求和利益，也不会仅仅为了非人类生命的利益而忽视了人类自身在生态系统中所起的作用和所处的位置。进一步地说，人类在自然中的位置也决定了人类自身对于自然负有不可推卸的责任和义务。

第二，我们想对“绿色思潮”中的三种不同的观点——“深绿”(dark green)、“浅绿”(light green)和“红绿”(red green)各自在理论上的优缺点做出说明，并尝试提供一种更加合理的“绿色”理念(第三章)。如前所述，依据生态学对于人与自然关系的理解，一种弱的人类中心主义主张更能反映人类在自然中的位置和人对自然应该负有的责任和义务。在这一部分中，依据这个判断，我们尝试在“深绿”

“浅绿”和“红绿”三者的基础之上发展出一种真正符合人类自身利益，同时与环境保护相兼容的环境治理方式。我们将在论述中指出能够与上文所讨论的弱的人类中心主义相适应的是一种被称为“亮绿”(bright green)的环境治理方式。深生态学或“深绿”认为科学技术是生态危机的制造者，要解决生态危机就需要远离科学技术，回到科学技术尚未产生和发展的前科学时代。因而它们给出的解决方案不是科学技术的，而是概念的和哲学的。“浅绿”则对生态危机的科学技术解决路径抱有乐观态度。在我们看来，科学技术是人类社会发展的最终动力，如果不能依靠它，那么人类将失去自我发展的手段，也失去了解决生态危机的有力工具。更重要的是，科学技术有广阔的发展空间，没有理由断定人类在未来就一定不能发展出环境友好的替代技术。因而，“浅绿”对于技术的乐观态度并不是完全不可行的。不过，“浅绿”并不认同价值观的作用，认为生态危机并不存在观念上的根源。“红绿”同样对科学技术持怀疑态度，在其观点中，资本主义制度通过发明新技术来克服现有问题的同时必然会带来新的问题。“红绿”所提供的解决方案同样不是技术的，而是制度的。

在我们看来，“深绿”“浅绿”和“红绿”所存在的问题都可以被“亮绿”所解决，后者相比于前者具有更为突出的理论价值。“亮绿”之所以更有价值是因为，它一方面保留了“浅绿”对于科学技术和人类价值的强调；另一方面接受了“深绿”对于价值观的强调和“红绿”对于制度设计的强调。总的来说，“亮绿”与“深绿”“浅绿”和“红绿”的不同之处在于：它在价值观上坚持弱的人类中心主义，强调社会制度设计、科学技术以及个人观念在人类社会发展和环境治理中的重要作用。这一特征是与五大发展理念中的“绿色”理念相一致的，甚至可以说是“绿色”理念的直接体现。与“深绿”“浅绿”和“红绿”

相比，只有“亮绿”所坚持的环境治理方式才是与人类自身的形象相符合的，而且只有坚持“亮绿”的环境治理方式才能重现人与自然和谐共存的新局面。

第三，我们尝试提供一种能够实现“亮绿”理念的具体实践路径（第四章）。我们称其为“简约”。虽然我们的观点在很大程度上吸收了西方“自愿简约运动”对于“简约”的理解，但是在某些重要的方面又对其进行了补充和扩展。“自愿简约运动”的产生与其主要参与者对生态危机根源的判定有着直接关联。在其主要参与者看来，生态危机的主要根源在于西方社会中消费主义文化观念的盛行。因而，要解决生态危机就要变革这种在西方社会中占有支配地位的文化观念，用简约的、生态的文化观念去取代消费主义的文化观念。有很多学者并不把“自愿简约运动”视为真正意义上的现代西方环境运动的一部分。因为，它是“个体式的”，而传统的西方环境运动则是“群体式的”。传统的西方环境运动要么通过游行、静坐、抗议，要么通过直接参与政党政治等“群体式的”路径以图改变政府当局的环境政策或环境制度设计从而实现生态危机的最终解决；而“自愿简约运动”则试图提供一种简约的、生态的意识形态以使接受这种意识形态的个体自觉地改变自己原有的消费主义的生活方式。这一点成为“自愿简约运动”与传统的西方环境运动的重要区别之一。还有一点值得注意的是，由于“自愿简约运动”的主要参与者和倡导者认为，西方社会中主要的消费群体是中产阶级，因而他们把中产阶级作为思想传播或舆论宣传的对象，而非像传统的西方环境运动参与者们那样鼓动全社会都行动起来改变环境现状。“自愿简约运动”所存在的问题在很大程度上也源自这一主张，它以改变个体的生活方式为主旨，以进行思想宣传为途径的环境运动方式是否能够真正地解决生态危机，这在很大程度上要依赖西方社会中的每一个个体的生活水平和道德自觉的程度，这一点导致了它在解决生态危机的过程中所发挥作用的不确定性。

然而，在我们看来，“自愿简约运动”所存在的问题可以在一种新的框架中得到解决，它所具有的内涵也可以在这个框架中得到补充和扩展。我们可以把这种新的“简约”称为“绿色简约”。我们将在论述中表明，“绿色简约”有着两种不同的含义或者两个不同的层次：一个是人与自然层面上的“简约”，另一个是人类社会内部的“简约”。“自愿简约运动”只是在第二种意义上谈论简约，而且还没有把这个层面上的“简约”完全呈现出来。第一个层面上的“简约”要求人类在面对自然时，要尽可能地减少对它的干扰和破坏，如果对自然的干扰和破坏是不可避免的，那么也要把它限制在自然生态系统自身可以调节和修复的范围之内。这一主张是和我们在上文所提出的弱的人类中心主义和“亮绿”理念直接相契合的。其实质是，人类在谋求自身生存和发展的同时兼顾生态环境保护从而实现整个生物圈的稳定和良性运行。而这一切的真正实现最终要依赖于我们在人类社会内部层面上的“简约”能在实践中被落实到位。换言之，人类要真正地做到实现自身发展的同时兼顾环境保护，最终还要体现在人类社会内部的行动上。更具体地说，就是要在某种程度上限制人类对待自然的无节制的、非理性的掠夺和破坏行为。这种限制一方面可以从思想宣传、道德教化方面着手增加人类对自然的认知，提高人们的道德觉悟。这一点正是“自愿简约运动”所坚持的路径。在我们看来，还有另一种路径，就是改变现有的经济制度设计或环境政策，这一路径的提出可以在很大程度上弥补前一路径所存在的不足。在如何改变现有的经济制度设计和环境政策的问题上，科学可以给我们提供有效的指导，尤其是在究竟要把人类的行为限制在什么样的范围内才能保证人类与自然的协调发展这样的问题上，包括生态学在内的环境学科都可以提供清晰和准确的指导。除此之外，科学还能为我们提供符合生态原则的技术和手段，从而为生态化的环境制度和政策的实施提供切实可行的工具和手段。

总的来说，“绿色简约”在个体层面上承认价值观和个人意识的重要作用，在社会层面上承认环境制度设计和环境政策的重要性，另外，最为重要的是它认为“绿色简约”的真正实现需要发挥科学技术在解决生态危机中的重要作用。

第四，我们尝试提供一种未来的人类社会的设想，这种设想主要是观念层面上的（第五章）。在文化观念上，人类究竟应该持有一种什么样的自然观，才能真正地促进人与自然之间的协调发展。前文已经指出，生态学在人与自然关系的问题上给予我们最大的教益是，人与自然之间是相互联系、相互依存的。由此，人类在面对自然的时候应该具有一种共存的智慧，而“绿色简约”就是这种共存的智慧的直接体现。在我们看来，具有这种共存智慧的人类，可以称之为“生态人”（Eco-Human）。“生态人”概念的提出在某种程度上吸收了深生态学的生态的“大我”思想。不过，这个思想自身存在着明显的理论缺陷。“生态人”概念在吸收生态的“大我”思想的同时弥补了这个概念自身存在的不足之处。同时，我们还将就“生态人”所具有的生态智慧做出一些必要的论述。深生态学的代表人物阿恩·奈斯（Arne Naess）把他所提出的思想称为“生态智慧 T”,① 它代表了一种人类所具有的共存的智慧。虽然“绿色简约”也体现了人类的一种共存的智慧，但是它是一种与“生态智慧 T”具有不同性质的生态智慧。为了与“生态智慧

① NAESS A, ECOSOPHY T. *Deep Versus Shallow Ecology* [M] // POJMAN L P, POJMAN P, MCSHANE K. *Environmental Ethics: Readings in Theory and Application*. Stanford: Cengage Learning, 2017: 222-231.

T”相区别，我们把“绿色简约”所代表的共存的智慧称之为“生态智慧 C”。需要强调的是，“生态人”所具有的是“生态智慧 C”而非“生态智慧 T”。

在我们看来，作为“生态智慧 T”核心内容之一的生态“大我”思想在内在逻辑上存在着一个两难困境。这个两难困境是：它要么认为人类只是生物圈中的普通一员，忽视人类自身在生物圈中的独特位置而一味地强调生态环境的价值和权利进而走向反文明、反人类的一端；要么坚持生态环境是人类自我的一部分，无形中为人类中心主义提供了辩护，进而走向了人类中心主义的一端。在我们看来，深生态学所存在的问题是未对人类在生物圈中的位置给出一个科学合理的判定。生态学研究表明，人类既是生物圈中的普通一员又是不普通的一员。人类和生物圈中的其他物种一样需要通过生物圈中的物质循环和能量流动而获得自身的生存和发展，在这一点上人类只是一种普通的物种，和其他物种并无实质差异。因而，从这一点来说，人类为自身的生存和发展对自然进行开发和利用是无可厚非的，人类中心主义观念为人类提供了行动上的辩护。另一方面，人类在自身的演化过程中，已经发展出无与伦比的强大能力和力量，人类已经把自己的足迹留在了地球上的几乎每一个角落，人类强大的获取物质和能量的力量是其他所有物种都不具备的。在这一点上，人类与其他物种之间存在实质性的差别。因而，就这一点而言，人类已不再是生物圈中的普通一员，仅仅为了生态环境的价值和权利而把人类限制为生物圈中的普通一员，对人类来说不仅是不切实际的，而且是反人类的。

要解决上述两难困境，切实有效的路径就是“绿色简约”。它在强调人类自身的发展和需求的同时，主张把人类自身的行为限制在合理的范围之内从而达到保护环境的目的。由于人类已不再是生物圈中的普通一员，人类无节制的行为已经给自然生态系统带来了严重的干扰和破坏。如果人类对自身的行为不加限制的话，那么自然生态系统可能会失衡并最终走向崩溃，而同时以自然生态系统为生存基础的人类自身也可能会面临灭绝的危险。人类具有如此强大的力量，整个生物圈的未来命运都掌握在人类的手中，人类应该顺理成章地对整个生物圈未来的命运负责。为了地球的未来，人类应该在合理的限度内限制自身的行为，把自身的行为控制在自然可以承受的范围之内。由此，人类与自然之间才可能重现共存、共荣的景象。人类应该把自身和自然都视为生物圈中的一部分，同时也把自然视为人类自身赖以生存和发展的一部分，人类损害自然就是损害人类自身。如果真正具有了这样的观念和意识，那么人类就不再是传统上把自然视为征服对象的、孤立的人类，而是已经转变为把自然视为自身不可分割的一部分的“生态人”。

“生态人”具有一些与当下的人类根本不同的特征。首先，“生态人”强调人与自然之间的共存关系；其次，它强调人类在自然中的独特位置和人类对自然的依赖关系；最后，它强调为了人与自然之间的共存、共荣，人类必须把自身的行为限制在自然可以承受的范围之内。这就是“生态人”的基本内涵。在这个内涵中，不仅包含深生态学的“大我”观点，而且成功地回避了它所面临的两难困境，对未来的人与自然关系形态提供了一种合理的、全面的构想。依据这个构想，未来的人类，即“生态人”，在面对自然时可能会呈现出这样的一些生态德行：谦逊、包容、节制、友善。“生态人”所具有的这四种德行就蕴含在“绿色简约”的实践路径之中，它们是人类实践“绿色简约”的必然结果。“绿色简约”路径的真正实现也就意味着具有四种德行的“生态人”的诞生，而“生态人”所具有的四种德行也将成为人类具有“绿色简约”这种共存智慧的直接体现。

# 目 录

## CONTENTS

# 第一章　生态危机成因的传统观点

当今人类社会普遍面临着严重的生态危机，这已是一个不争的事实。蕾切尔·卡逊（Rachel Carson）的《寂静的春天》一书的出版向全世界敲响了生态危机的警钟。生态危机的持续恶化会导致全球生态系统的逐渐衰退并最终威胁到人类自身的生存，如果人类对生态危机的严重性和解决危机的紧迫性仍未有充分的认识，那么人类最终可能将会面临走向灭亡的命运。当然，只认识到问题的严重性和紧迫性是不够的，人们还必须在理论上对生态危机的根源有一个清晰的认识和定位，只有如此才能找到有针对性的解决方案，进而才能使人类摆脱生态危机所带来的威胁。因而，“生态危机的根源究竟是什么”就顺理成章地成为一个最为紧迫的理论问题。学者们从不同的角度对这个问题进行了解答，他们大致提供了这样一些答案：人口的增长、技术的滥用和过度的消费等。对于这些观点，现有的很多研究文献已经做了充分的分析和评价。在下面的章节中，我们尝试对这些文献中的论述做出总结和概括，并指出上述几种观点都没有对生态危机的成因做出准确的定位。本章内容将以如下结构展开：第一部分将说明人口的增长与生态危机之间的关系，并指出人口的增长并非生态危机的最终根源；第二部分尝试分析科学技术的发展与生态危机之间的联系，并指出把生态危机的根源归罪于科学技术的发展不仅不利于生态危机的解决甚至可能会阻碍生态危机的解决；第三部分将对过度消费和生态危机之间的关系做出分析，并以此为基础指出把过度消费视为生态危机的根源有失偏颇。本章的结论部分将指出人口的增长、技术的滥用和过度消费都不应被视为生态危机的真正根源，关于生态危机根源的答案必须从其他的方向寻找。

## 第一节　人口的增长

在人类社会中，人口的激增和生态危机的不断加重这两个现象似乎是相伴而生的，这使得人们很容易把它们联系在一起，并且把前者视为后者的根源，甚至是头号根源。[①] 19世纪的托马斯·马尔萨斯（Thomas Malthus）对于人口增长对环境可能造成的压力早已进行过说明。他的观点大致是，由于人口呈几何级数激增而环境和资源却非常有限，这就会出现生物物种争夺有限的资源所导致的激烈的竞争和对环境资源过度的使用所带来的生态破坏。在当代，人们对于这一观点的深入了解要归功于保罗·艾里希（Paul Ehrlich）的《人口炸弹》和罗马俱乐部的《增长的极限》这两本著作。前者的作者认为，人口就像一个炸弹一样，它的不断增长势必会引起一场巨大的全球性灾难；而后者的作者认为，人口的增长将会在不久的将来达到极限，因为与人口增长相关的生产资料和生活资料的增长将会达到极限，资源匮乏和环境污染的

① ［德］丹尼尔·A. 科尔曼. 生态政治：建设一个绿色的社会［M］. 梅俊杰，译. 上海：上海译文出版社，2002：4.

状况将会变得更加严重。可以说，这两本著作进一步强调了人口增长罪魁祸首的角色，使人们更加坚信人口增长在生态危机形成的过程中起着主导性作用。

那么，学者们为什么很容易把人口的增长视为环境污染的首恶元凶呢？这在很大程度上要归结于它们之间在表面上看似非常紧密的联系。对于这种联系的分析和澄清将会使人们能更加全面地了解人口增长在生态危机形成中扮演的角色。表面上看，人口的增长与生态危机确实是相伴而生的。然而，这种相伴而生是以某个时间节点为限的，这个关键的时间节点就是工业革命。在工业革命之前，人类社会不同文化中的经济和生产力发展状况普遍较为迟缓，人类活动对环境所造成的干扰和影响并不明显。然而，在此之后，以英国为代表的西方国家的经济和生产力发展状况有了非常突出的改观，人类对环境影响的深度和广度相比于前一个时期都有了质的飞跃，环境问题也随之突显出来。那么，在工业革命前后全世界的人口状况和环境状况究竟是什么样的呢？在工业革命之前，世界人口的出生率和死亡率都比较高，同时由于战争、疾病和自然灾害的影响，整个人类的人口出生率和死亡率没有太过明显的发展趋势，人口的平均寿命普遍偏低，只有 30 岁左右。高出生率和高死亡率所带来的直接结果是人口规模大致稳定，并没有呈现出明显的增长趋势。而在工业革命之后，不论是人口的总体数量还是增长速度都有着显著的变化，“从那时以来，人类许多实践活动的发展，对人口的增长系统，尤其是对死亡率，产生了深刻的影响。随着现代医学、公共卫生技术，以及粮食生产和分配的新方法的传播，全世界的死亡率已经下降。估计现在世界平均寿命大约是 53 岁，而且还在上升”。① 引文里所说的

① ［美］丹尼斯·米都斯．增长的极限：罗马俱乐部关于人类困境的研究报告［M］．李宝恒，译．长春：吉林人民出版社，1997：11.

53 岁的世界人口平均寿命是 1968 年的统计结果，2015 年这个数字已经达到 71.4。[①] 从这些分析来看，人口的增长状况与环境破坏的状况大致呈现出相同的增长趋势，人口的急剧增长和生态危机的发生在时间上几乎是重合的。但是，这种重合并不足以说明前者就是后者的原因，也有可能只是巧合，或是说两者都是同一个原因产生的不同后果。总之，要坚持人口增长是生态危机的根源这样的观点必须要提供更为充分的证据。

不过，从人类社会自身发展的实际状况来看，人口的增长确实在很多方面对环境造成了严重的压力。因为，人类的生存和发展依赖于环境，环境问题在根本上是人类活动的结果，人类人口数量的激增和人类活动规模的扩展都会对环境造成相应的压力。但是，这些并不足以说明人口激增就可以被视为生态危机的根源。对于这一问题，我们可以从多个不同的侧面进行说明。

首先，人口的激增可能会对自然环境和资源带来相应的压力。人类与其他物种一样需要利用自然资源，从自然中获得自身发展所需要的物质和能量。随着人类数量的急剧增长，对于自然资源的需求势必也会急剧增加。同时，在人类需求的急需程度上排在前列的都是像煤、石油、天然气等不可再生资源。人口的增长会带来对这些以不可再生资源为主的自然资源的过度利用和开发，而且由于人类对自然资源的激烈争夺还可能会导致对自然资源的浪费和破坏。由此，水、森林和矿山资源的枯竭就变得不可避免了。从表面上看，这些现象似乎表明了人口增长与环境破坏之间的紧密联系。但是，我们一旦对其进行更为深入的分析就会发现，人口的增长与环境污染之间并不存在明确的正相关关系。我们前

---

① [美] 斯蒂芬·平克. 当下的启蒙：为理性主义、科学、人文主义和进步辩护 [M]. 侯新智，欧阳明亮，魏薇，译. 杭州：浙江人民出版社，2018：54.

文已经说过，在工业革命以前，人口的增速相对稳定，甚至在特定的时间段内还出现了下滑的趋势，不过，在这段时间内并没有哪个特定的地域或亚文化中呈现出环境问题改善的情况。

其次，人口增长可能会带来严重的生产污染。随着人类数量的不断增长和科学技术的不断进步，人类需要不断完善和变革科学技术才能满足人类自身不断增长的生活需求。人类在生产过程中所取得的重要进步之一就是化肥和农药等化工物质的发明和应用。人类在运用这些化工物质取得社会进步，增加人类福祉的同时也产生了非常严重的污染。我们可以举两个非常著名的例子对此做出说明。第一个例子就是卡逊在《寂静的春天》一书中对于化工物质 DDT 所产生的严重污染后果的说明，而另一个例子则是巴里·康芒纳（Barry Commoner）在其《封闭的循环：自然、人和技术》一书中对人类活动带来的“磷酸盐”所产生的污染状况做出的描述。他指出：

> 在 1910 年到 1940 年之间的 30 年里，每年由城市的污水中产生的磷酸盐达到了成倍增加的速度，从大约 1700 万磅（以含磷的物质计算），上升到约 4000 万磅，结果接下来的 30 年里，即 1940 年到 1970 年，是以每年 3 亿万磅的数字增加，增加了 7 倍还多。①

但是，城市污水中的磷酸盐成倍增加是否可以归因于人口数量的激增呢？从人口数量的增长来看，虽然污水中的磷酸盐成倍增加了，但是人口数量却没有呈现成倍增长的趋势。对此，康芒纳指出：“很容易证实自第二次世界大战以来，美国的污染度的变化不能简单地认为是由于

---

① ［美］巴里·康芒纳．封闭的循环：自然、人和技术［M］．侯文蕙，译．长春：吉林人民出版社，1997：101-102.

人口增加造成的，在这个阶段，人口仅上升了42%。”①

进一步来说，学者们从当时人口数量和污水中磷酸盐的增长趋势的实际数据中分析发现，随着人口的增长，污染状况不仅没有增加反而呈现出减少的趋势，尤其是与人口增长直接相关的制造业也没有表现出急剧增长的趋势。康芒纳对此做出了说明：

因为自1946年以来，在生产上是有着急剧的增长的。另外，化学工业，尤其是严重的污染物，在生产上也表明有特殊的增长，在1958年到1968年之间，化学工业生产的增长是73%，而与其相比，所有制造业的增长率只有39%。从生产效率的变化上，是很难解释最近污染度的增长与人口增长之间的矛盾的。②

最后，人口的激增可能会带来严重的生活污染。人口的增长会导致人类生活空间的增大，人类社会由最初的原始部落不断扩展为村镇，直至城市的产生。人口不断增长带来的直接结果是城市空间的不断扩展，进一步的结果是产生更多的生活垃圾和汽车尾气等污染物。由此，人们可能会认为人口的增长导致了城市污染物的增加和居住环境的恶化。然而，有学者分析指出以城市人口的增加为据并不足以对城市环境恶化的状况做出充分的解释。因为，很多工业污染物并不来源于城市本身，污染源是外源性的，“很多严重的污染问题，诸如那些因为放射尘、氨

① [美] 巴里·康芒纳. 封闭的循环：自然、人和技术 [M]. 侯文蕙，译. 长春：吉林人民出版社，1997：106.

② [美] 巴里·康芒纳. 封闭的循环. 自然、人和技术 [M]. 侯文蕙，译. 长春：吉林人民出版社，1997：106.

肥、杀虫剂、汞和许多其他的工业污染物并不在城市发源”。[①] 城市中的另外一种主要的污染源——交通工具所排放的尾气，它的增加更多的是西方城市中贫富居民分布不均而非单纯的人口增长所带来的结果。基于这些分析，康芒纳认为：“要根据同时发生的整个人口规模的增长来说明 1946 年以来美国污染的迅速增长，看起来是达不到目的的。”[②]

谈完某一文化或地域的人口增长和环境污染状况的关系之后，我们可以尝试放宽视野，看看前文所得出的结论是否也适用于其他的文化或地域。一些跨文化的研究表明，人口激增或人口爆炸主要发生在不发达或发展中国家，而污染严重的地区则主要集中在发达国家。人口的增长状况与环境的污染程度在地域上存在着严重的不对称。对此，有学者认为这种不对称的主要原因是：

> 发达国家造成的环境影响多由第三世界的穷国来消受。有毒垃圾装船驶离工业国港口，为寻找一个填埋地点而周游世界，最后极有可能落户在某个急等现钱的第三世界国家。工业国中已禁止使用的有毒杀虫剂依然畅销于发展中国家。[③]

也就是说，发展中国家中所表现出来的严重污染状况在很大程度上也是由发达国家造成的，看似是发展中国家所造成的环境污染实际上主要来源于发达国家，“确实由第三世界自己造成的多数环境破坏也往往

---

① ［美］巴里·康芒纳．封闭的循环．自然、人和技术［M］．侯文蕙，译．长春：吉林人民出版社，1997：101-102.

② ［美］巴里·康芒纳．封闭的循环：自然、人和技术［M］．侯文蕙，译．长春：吉林人民出版社，1997：107.

③ ［德］丹尼尔·A. 科尔曼．生态政治：建设一个绿色的社会［M］．梅俊杰，译．上海：上海译文出版社，2002：8.

导源于第一世界国家，因为后者的经济发展项目输出了危害环境的政策”。①

有学者进一步指出：

第三世界国家中不断增加的人口确实增加了严重的生态危机，不过，这些国家中的人口增长和环境破坏是同一疾病——贫穷的两种不同表现而已，并且这一疾病是由西方发达国家所带来的。西方发达国家对于第三世界国家的殖民和掠夺导致它们的贫困，贫困进而引起了第三世界国家中的人口激增和环境破坏问题。同样，世界性的饥荒也常被归结为人口过剩，而当我们进一步追究其深层的根源时就会发现世界饥荒实植根于一系列政治、经济、历史和文化因素中，单靠减少人口根本无法直接补救这些因素。②

也即，环境问题并不来源于人口的急剧增长，而是环境问题和人口激增都来源于很多其他的因素，这些因素包括：

土地所有权的集中、殖民统治时代以来的税收和经济作物的种植方式、瓦解传统适宜体系的援助项目、唯利是图等等。同样的经济和政治力量在发达国家酿成了工业污染，在发展中世界则破坏着文化与经济的稳定，招致人口增长及相应的环境压力。③

① [德] 丹尼尔·A. 科尔曼. 生态政治：建设一个绿色的社会 [M]. 梅俊杰，译. 上海：上海译文出版社，2002：9.
② [德] 丹尼尔·A. 科尔曼. 生态政治：建设一个绿色的社会 [M]. 梅俊杰，译. 上海：上海译文出版社，2002：13.
③ [德] 丹尼尔·A. 科尔曼. 生态政治：建设一个绿色的社会 [M]. 梅俊杰，译. 上海：上海译文出版社，2002：13-14.

因而，可以说人口的增长与生态危机之间并不存在明确的因果联系。人口的增长和生态危机更像是同一个原因所产生的两种不同结果。在上文的论述中，有学者把它们两个的表面原因归结为贫困，而深层原因则是政治。不管这样一种观点是否代表了最终的答案，它至少表明人口的增长并非生态危机的真正根源。

## 第二节 技术的滥用

在传统的观点中，人们所认为的生态危机的第二个成因是技术的滥用。这一观点的产生有其深远的历史背景和复杂的现实原因。从历史角度来看，把科学技术与生态危机联系在一起表明了社会和大众对待科学的态度在时间上所发生的改变：从对科学的推崇和弘扬转变为对科学的恐惧和反感；而从当下的现实来看，把科学技术视为生态危机的根源揭示出了人们在面对科学时所带有的矛盾情感：人们一方面利用和享受着科学技术带来的进步和福利，另一方面又把人类社会中产生的很多问题归罪于科学。在我们看来，人类对于科学技术的态度转变和矛盾情感在很大程度上体现了自身对于科学技术在人类社会中所扮演的角色和所发挥作用的模糊认知和定位不清。因而，对于科学技术与环境问题的讨论不仅涉及科学技术是否是生态危机根源的问题，而且在更为基本的意义上涉及科学技术究竟在人类社会中扮演什么角色的问题。

可以说，科学技术是伴随着人类的产生而产生的，或者说它们是作为人类的一部分与人类相伴而生的。在人们还没有开始讨论科学技术的价值之前，它们已经伴随人类走过了漫长的历程。人类所发明和使用的技术成为识别和衡量人类社会发展状况的主要标识。这一点可以从人类对自身历史的命名中发现，人类历史的阶段划分通常以科学技术的核心部分，即生产工具的发展状况来进行标识，比如，旧石器时代、新石器时代、青铜时代、铁器时代等。同样，也是由于科学技术的进步，人类脱离蛮荒，走向文明，取得了任何其他物种都无可比拟的辉煌成就。既然科学在人类社会中具有如此重要的作用和地位，那么何以科学技术会被视为生态危机的罪魁祸首呢？我们要说的是，人们对于科学技术的态度并不是一开始就是这样的。在近代科学革命之前，人们对于科学更多的是赞扬而非批评，而在科学革命后，尤其是工业革命之后，人们对于科学技术的批评之声逐渐盖过了赞扬之声。不过，需要指出的是，对于科学技术的社会价值和作用的讨论并不是生态危机产生之后才有的，有关科学技术价值的讨论要早于生态危机的产生。或者说，在生态危机发生之前，人们对待科学的态度已经发生了转变，生态危机问题的出现使得人们把对科学技术的恐惧和反感情绪投入其中从而产生了我们现在所讨论的话题。那么，在生态危机产生之前，科学与社会的互动关系究竟发生了什么样的变化，何以人们对于科学的态度会发生如此重大的转变呢？对于这些问题的解答将会成为我们解答科学技术究竟在生态危机中扮演了什么样的角色这一问题的关键。

当然，要解答这个问题我们就需要从历史的视角去审视科学在社会中所扮演的角色的改变。不过，要从历史的角度分析科学技术在社会中的作用，我们首先需要对科学和技术含义做一个简单的区分。通常来说，科学和技术之间的区分是较为清晰的：前者主要是一种以追求确定性的知识为目的的发现或认知活动；后者则主要是一种以实用为目的的实践性活动。如果我们依据这个定义去追溯两者的起源，那么我们会发现技术起源的时间要早于科学。我们已经说过，技术是伴随着人类的产生而产生的，它集中体现为人类在生存和发展过程中所发明和使用的工具和器物。以工具和器物为代表的技术对于人类自身的重要性可以从传统上人们对于自身的定义中看到，人类通常被称为一种能够发明和使用工具并且能够直立行走的动物。这意味着，没有以工具代表的技术也就没有人类自身。而科学起源的时间最早可以追溯到古希腊。古希腊哲学可以视为现代科学的源头。科学和技术基于两种完全不同的目的而产生，前者以追求纯粹的知识为目的，后者以赢得生存为目的，两者在很长的一段时间内独立演化发展，彼此呈现出完全不同的特征。

技术是人类借以适应自然，赢得自身生存的方式，人类之所以成为人类，在很大程度上是技术不断发展和革新的结果。虽然技术在不同的文化中可能存在着或多或少的差异，但是它确是在人类所有的亚文化中共有的存在物。以中国文化为例，我们的四大发明就属于技术的典型例子。我们文化中所具有的技术和其他亚文化所发展出来的技术的共有特征就是，它们都属于“经验型”和“实用型”的。所谓的经验型就是以技艺的方式通过经验累积的方式代代相传，技艺的发明者和革新者并不了解技艺背后所依据的理论基础和科学原理；而实用型则强调的是技艺的发明者和使用者只关注这些技艺是否能够解决现实的实践难题，并不关注它们所依据的理论和原理。

而起源于古希腊的哲学则代表了另一种与以生存为目的的技术完全不同的传统。它并不以生存为目的，而单纯以追求知识为目的。从古希腊哲学的起源来看，它只是当时的一些贵族知识分子为了满足自己的好奇心和求知欲所展开的探索自然和人类自身的活动。这些哲学探索者只专注于纯粹的知识而不关心它们的实用价值。从区域文化的地理分布来看，这种以追求纯粹的知识为目的的活动仅在古希腊文化中存在，而其他的亚文化中则不存在这样的文化样式。也即，在其他的亚文化中，只存在以生存为目的技术，而不存在仅以追求纯粹的知识为目的的哲学形态。而在古希腊文化中，这两种文化样式同时存在，不过，在很长的一段时间里彼此之间并无关联。在科学史研究中，有史学家把前者称为科学的“工匠传统”，而把后者称为科学的“理性传统”。这两种传统彼此之间不存在关联的原因部分地可以依据这两种传统的从业者的社会阶层获得解释。从事知识探索的哲学家通常都是古希腊的贵族阶层，他们之所以能够为了满足自己的好奇心而进行哲学探索活动是有着特定的社会政治基础作为支撑的。这些支撑主要是，他们不用从事奴隶或平民所从事的繁重的日常劳动从而具有充足的闲暇和时间，另外，他们在政治上有着足够的权力和自由，可以自由地表达自己的思想和观点。相反，工匠传统则主要通过奴隶和平民得以传承和延续。由于两种传统的旨趣和所属阶层的不同，它们在很长的一段时间内是平行发展的，彼此之间几无交集。

理性传统与工匠传统之间独立发展，少有交集的状况直到近代科学革命之后才有所改变。近代科学革命所具有的革命性首先体现在科学方法上的革命。近代科学所发展出来的科学实验方法开始取代自古希腊以来的思辨方法成为更加高效的知识探究方法。这种新的知识探究方法所产生的重要影响是，一方面，它为科学知识的进步提供了可靠的工具，奠定了现代科学的基本面貌；另一方面，它真正实现了理性传统和工匠传统的结合。或者说，现代科学方法正是这两种传统相互结合的产物。而真正实现了这一结合的人物就是伽利略，或许，正是由于这种结合所带来的重大意义，他才被尊称为“现代科学之父”。现代科学方法的应用极大地推进了科学探究的深度和广度，使科学研究逐渐摆脱了之前知识探究方法所具有的猜测、臆想和思辨的特征。科学知识的研究活动开始系统展开，具有精确性和严格性的科学知识才成为所有知识的样本，从而科学才呈现出我们今天所看到的面貌。

从社会的角度来看，科学开始从纯粹只是为了满足自身好奇心的活动转变为一种真正的社会职业。科学的社会面貌的真正改变出现在工业革命之后。工业革命之后，人们全面地认识到了科学对于社会所具有的巨大价值。科学与社会之间的关系呈现出一种科学社会化或科学建制化的特征。所谓的建制化就是职业化，科学在建制化前只是一小部分人的兴趣爱好，而在此之后成为一种职业，社会设立这种职业，招募从业者专门从事科学知识的生产。用著名的科学社会学家罗伯特·默顿的话说："科学的制度性目标是扩展被证实了的知识。"① 科学成为社会职业意味着科学的实用价值已经得到整个社会的普遍认可。同时，科学的社会化带来的一个直接结果是，科学知识的生产与技术的创新和变革开始连接在一起。如果近代科学方法的诞生是在认知层面上实现了理性传统和工匠传统的结合，那么科学的社会化则是在社会层面上，甚至是文化层面上实现了两者的结合。前文已经指出，传统上的技术是经验型和实用型的，技术的发明者并不关心其背后的理论或原理。而随着工业革命的发展，科学与技术的结合使得技术的进步和革新开始以科学的进步为基础，科学的理论或原理为技术的发明和革新提供了强有力的理论基础。科学与技术间的关系也由过去平行式的发展模式转变为一种全新的互动式的发展模式。这种互动式的发展模式表现为，技术的进步为科学知识的探索提供强有力的技术手段，促使科学不断向宏观和微观两个方面推进；而科学发展所提出的新知识和新理论为新技术的发明和创新提供了重要的理论资源。科学和技术之间相互影响、相互促进、相互渗透，已然成为推动整个社会发展和文明进步的根本动力。

---

① ［美］R. K. 默顿．科学社会学［M］．鲁旭东，林聚任，译．北京：商务印书馆，2003：365.

科学的形象也在其自身建制化前后发生了巨大的变化，而人们对于科学的矛盾心理在很大程度上也源自这种变化。在科学建制化前，科学对于社会的影响和作用有限，人们认识不到科学的正面价值，当然也不会批判其负面价值。而在其后，尤其是科学化的技术开始对社会产生极其重要的作用之后，人们对科学的理解和看法发生了重大的变化。这种变化来自科学对社会所产生的两个方面的显著影响：一方面，科学带来了极其显著的财富增长和物质繁荣，人类借助于科学技术极大地改变了社会的面貌和自然的面貌；而另一方面科学技术的发展也带来了一系列之前从未遇到的问题，最为明显和直接的就是环境污染和生态破坏问题。由此，也引发了人们对于科学的矛盾心理：一方面崇敬科学技术所代表的强大力量；另一方面又恐惧其所带来的严重后果。在人们看来，科学不仅为社会带来了极大的正面价值，同时也带来了很多的负面价值。由此，人们开始由对科学的推崇和赞扬转变为对科学的恐惧和反感。在西方工业革命发展的过程中出现的工人捣毁机器的行为，以及后来在西方社会中产生过重要影响的反科学思潮都可以视为对科学和技术的恐惧和反感情绪的直接反映。

而对科学和技术的反感情绪的最为集中的体现就是20世纪以来，尤其是第二次世界大战之后西方兴起的大规模的反科学思潮。它的主要特征是反对科学自身以及它在社会中的应用。也即，它不仅反对单纯以追求知识为目的的科学认知活动，同时也反对科学知识在技术上的应用以及科学在人们的世界观和价值观上的影响。反科学思潮的主要表现大致可以从两个层面去理解：思想层面上，人文主义者和后现代主义者试图消解科学技术作为确定性知识的来源和社会进步动力的传统形象，进而视其为社会文化和政治权力建构的产物以及统治、奴役人与自然的工具；实践层面上，反对和阻挠科学在社会中的应用，比如对于生物工程技术、核技术以及现代医学进展等的疑虑和反对，更为极端的表现则是冲击科学实验室，破坏实验仪器，同时阻挠科学项目的进展。

随着20世纪60年代环境运动的展开，反科学思潮开始与环境思潮相结合，技术的滥用被视为生态危机根源的观点也开始为学者们频频提起。这些学者们认为科学技术对于生态危机的产生负有不可推卸的责任，只有限制甚至是取消科学才有望解决这一问题。在现代环境运动中，最先也是最为著名的关于科学技术滥用的批评之声就出现在卡逊的《寂静的春天》一书中，随后是以彼得·辛格（Peter Singer）为代表的动物权利论者对科学实验的批判，继之而来的则是深生态对科学技术内在的人类中心主义逻辑的批判。可以说，很多环境哲学家的思想中都不同程度地呈现出反科学和非理性的思想和观念。这些思想观念具体表现为这样几个方面：

> 有以鼓吹回到前现代、反文明为归宿的浪漫主义的思想观念；有以反理性、推崇体验为目的的直觉主义的思想观念；有以宣扬宗教为目的的信仰主义的思想观念；有以倡导传统知识为价值偏好的相对主义的思想观念等。①

学者们和环境哲学家们对于科学技术的批评使得科学技术的滥用作为生态危机根源的观点逐渐深入普通大众的内心，导致了人们对科学技术的警惕和敌视。这种警惕和敌视态度进一步加深了人们对科学技术的误解和敌对。对此，有学者指出：

---

① 郑慧子．生态文明建设需要关照的两类基础性问题［J］．河南大学学报（社会科学版），2017（1）：48.

环境保护主义者对科学和理性的这种敌视已在许多有影响的从事环境哲学研究的学者中形成一种惯例，在大学的哲学、政治科学、历史学、地理学、环境研究等学科和部门中，那些探究自然观及其对人与自然关系有影响的学者们，通常把近代出现的科学革命看成是人类所犯下的最大错误。①

由此，科学技术作为生态危机的罪魁祸首似乎已经成为无可争辩的事实。

然而，包括环境哲学家在内的许多学者甚至是普通大众对待科学技术的态度并非是始终如一的，有时甚至是自相矛盾的。在实践层面上，很多激进的环境主义者一方面对科学技术充满敌意，主张限制科学，甚至取消科学，认为生态危机的彻底根除只能通过限制，甚至是取消科学来实现；而另一方面他们又不得不承认科学技术为社会所带来的实质性的便利和显著的文化进步，如果以限制科学来解决生态危机，那么这将是以牺牲社会进步和全人类的福祉为代价的。在观念或者理论层面上：

一方面，激进的环境保护主义者们在通过探求造成环境困境的根源问题上表达出来种种敌视科学和理性的态度；另一方面他们还不得不借助生态学的基本概念、规律、模型以及理论等研究成果去论证和表达他们提出的人与自然关系的学说。②

---

① 郑慧子．生态文明建设需要关照的两类基础性问题［J］．河南大学学报（社会科学版），2017（1）：47.

② 郑慧子．生态文明建设需要关照的两类基础性问题［J］．河南大学学报（社会科学版），2017（1）：47.

也即，激进环保主义者通常都是利用科学的思想去反对科学，更为明确地说，他们是以对科学的误用和滥用为基础来反对科学。在这样的思想逻辑中，他们是不可能为自己的观点提供明确的证据和论证的，最后只会陷入自我矛盾之中。由此，极端环境保护主义者的思想中何以存在反人类倾向和悲观主义色彩就不难理解了。

虽然，我们在前文中并没有就科学技术是否是环境根源危机的问题提供正面的和明确的回答，但是，从极端环境主义者对待科学技术的自相矛盾的态度中人们就会发现把科学技术作为生态危机根源的观点并没有看上去的那么确凿无疑。在这一部分中，我们并不准备对这一问题的答案及其理由做出系统和全面的说明，而是把这一工作留在下文的第三章中详细展开。

## 第三节 过度消费

第三种关于生态危机根源的观点聚焦的是过度消费。这种观点把生态危机的成因与“消费社会”（consumer society）① 中“消费主义”观念的盛行联系在了一起。这种观点认为生态危机的主要原因在于人类对自然资源的过度消费。人类要获得生存和发展就需要消费大量的消费品，而这些消费品的生产是以利用和消耗各种自然资源为代价的。在当今社会中，由于受到消费文化的影响，全世界很多国家都普遍存在着以消费主义为观念基础的过度消费和炫耀性消费等状况，并且这些状况导

① 需要注意的是，也有学者把“consumer society”翻译为“消费者社会”，虽翻译不同，但两者所指含义相同。

致了严重的环境影响。对此，有学者指出：

世界范围内蔓延的消费者生活方式的野火标志着人类曾经经历过的日常存在中最快捷的和最基本的变化，经过短短的几代人，我们已经变成了汽车驾驶员、电视观看者、商业街的购物者和一次性用品的消费者。对于这个巨大转变的悲剧性嘲弄在于消费者社会的历史性兴起对于损害环境有着重大影响，却并没有给人民带来一种满意的生活。①

因而，有学者把生态危机的根源定位于过度消费及其背后的消费文化和消费主义观念。

20世纪以来，消费社会首先在美国形成，进而遍及北美、西欧和日本。消费社会在很大程度上是与生产社会或物质匮乏的社会相对的，在消费社会尚未形成的传统社会中物资相对匮乏，人们可以消费的物品和服务非常有限，人们的消费状况在很大程度上依赖于社会的生产状况，社会生产什么人们消费什么。社会生产力低下，人们并没有太多的金钱和财富可用于消费，消费能力极其有限。因而，消费社会的产生是以生产力的进步和社会的富裕为前提的。生产力的进步使人们拥有了更多可用于消费的金钱和财富，社会的生产能力和人们的购买能力都得到了很大的提升。同时，由于生产力的提高，消费品供大于求，消费品生产者开始刺激消费者的消费欲望并宣扬消费的价值，“消费甚至被渲染成一种爱国行为”。② 消费社会带来的一个严重后果是，消费的表面功

① [美] 艾伦·杜宁．多少算够：消费社会与地球的未来 [M]．毕聿，译．长春：吉林人民出版社，1997：17.

② [美] 艾伦·杜宁．多少算够：消费社会与地球的未来 [M]．毕聿，译．长春：吉林人民出版社，1997：12.

能或实用功能越来越少，而其非实用功能或符号功能则变得越来越突出。依据社会学家们的观点，在消费社会中，消费者消费的并不是消费品自身，而是商品所显示出的特征或其象征意义。或者说，人们在消费商品时消费的并不是它们的物质属性，而是它们的象征属性或符号属性。

消费社会最为显著的特征是，它总是与花钱联系在一起的。在消费社会中，用金钱购买尽可能多的让个人生活变得更加舒适和幸福的商品和服务，甚至是花钱本身都被视为获得幸福的首要手段。同时，花钱消费也成为人们实现自我认同和社会认同的首要手段。对此，有学者指出：

> 消费社会是一种人们在其中对于不断增加的商品数量和种类的使用和占有被视为首要的文化期望和达到个人幸福，社会地位和国家成功的可靠路径的社会。①

也就是说，一个消费社会中的个体的消费状况或其所具有的通过消费所塑造的生活方式决定了他的社会地位和社会身份。如果说在以生产为主导的社会中，一个个体的社会地位和社会身份是由他生产的东西所决定的，那么在以消费为主导的社会中，他的身份则是由他的消费能力和消费状况所决定的。在这样的社会中所诞生的消费主义文化把消费视为实现个人价值和社会价值的首要手段，从而使该社会中的个体把对于物质追求和精神追求的满足紧紧地与他们的消费状况联系在一起。对此，有学者说道：

---

① GOODWIN N. *Overview Essay* [M] //GOODWIN N, ACKERMAN F, KIRON D. *The Consumer Society*. Washington D. C.: Island Press, 1997: 2.

一个消费主义社会创造了新的消费品的发展，而且使得对它们的欲望成为一个社会经济生活的核心动力。一个个体的自尊和社会尊重紧密地与他在社会中与其他人相关的消费水平联系在一起。①

对于社会身份和社会认同的满足的需求不断地催生更多的消费需求。人们在不断的消费中渴望更多的消费，欲望没有止境，永不满足，高消费唯一能给人们带来的只是更多的消费欲望。正如学者们所言："高消费的社会，正如奢侈生活的个人一样，消费再多也不会得到满足，消费者社会的诱惑是强有力的，甚至是不可抗拒的，但它也是肤浅的。"②

消费社会中的高消费是与人们对幸福生活的追求联系在一起的。在消费主义者的观念中，消费并不仅仅是一种获得幸福的手段，它甚至就等同于幸福本身。但是，我们都知道，高消费本身并不等同于幸福，并且通过消费所获得的幸福是建立在一种非常不稳定的基础之上的，"在收入和幸福之间存在的任何联系都是相对的而非绝对的，人们从消费中得到的幸福是建立在自己是否比他们的邻居或比他们的过去消费得更多的基础之上的"。③ 更为重要的是，在决定生活幸福的主要因素中，消费并没有起到非常重要的作用，至少相对于家庭生活、满意的工作和自我价值的实现等这些精神性的需求，它并不具有主导性的作用。对此，

① GOODWIN N. *Overview Essay* [M] //GOODWIN N, ACKERMAN F, KIRON D. *The Consumer Society*. Washington D. C. : Island Press, 1997: 2.

② [美] 艾伦·杜宁. 多少算够：消费社会与地球的未来 [M]. 毕聿，译. 长春：吉林人民出版社，1997：19.

③ [美] 艾伦·杜宁. 多少算够：消费社会与地球的未来 [M]. 毕聿，译. 长春：吉林人民出版社，1997：20.

有学者指出："真正使幸福不同的生活条件是那些被三个源泉覆盖了的东西——社会关系、工作和闲暇。并且在这些领域中，一种满足的实现并不绝对或相对地依赖富有。"① 也就是说，只有同时具备上述三个条件的人的生活才能称得上是幸福的，只是富有以及由此所带来的高消费并不代表幸福，甚至可以说，对于高消费的过度强调甚至会降低人们的幸福指数。

> 心理学的研究表明，消费和个人幸福之间的关系是微乎其微的。更糟糕的是，人类满足的两个主要源泉——社会关系和闲暇，似乎在奔向富有的过程中已经枯竭或停滞，这样在消费者社会中的许多人感觉到我们富足的世界莫名其妙地（的）空虚——由于被消费主义文化所蒙蔽，我们一直在徒劳地企图用物质的东西来满足不可缺少的社会、心理和精神的需求。②

这意味着，高消费并不会增加人们的幸福，反而会减少人们的幸福，试图通过高消费来满足对幸福生活的追求只会适得其反。

高消费不仅不会增加幸福感，反而会带来严重的环境后果。依据某些环境主义者的观点，消费社会中的消费主义的社会观念对于全球资源的破坏和生态危机应该负有最大的责任。在这些学者看来，消费社会中的高消费是以消耗自然资源为代价的，自然资源非常有限，人们不断增加的消费欲望所导致的结果必然是自然资源的日益枯竭和生态环境的不

---

① ［美］艾伦·杜宁．多少算够：消费社会与地球的未来［M］．毕聿，译．长春：吉林人民出版社，1997：22.

② ［美］艾伦·杜宁．多少算够：消费社会与地球的未来［M］．毕聿，译．长春：吉林人民出版社，1997：6.

断破坏。人们为了过上幸福舒适的个人生活所进行的各种消费是通过消耗大量的像煤、石油、天然气等矿物原料以及其他的自然资源来实现的。人类的消费活动在损耗这些自然资源的同时还会向大气中排放二氧化碳、硫化物和氮氧化物。这些有毒物质在污染空气的同时还会导致酸雨的产生。同时，人类的高消费活动还会增加森林、海洋、矿山以及水资源的消耗等。由此看来，人类的过度消费与生态危机之间的联系是不容置疑的。对此，有学者指出：

我们消费者生活方式供应的像汽车、一次性物品和包装、高脂饮食以及空调等东西——只有付出巨大的环境代价才能被供给。我们的生活方式所依赖的正是巨大和源源不断的商品输入。这些商品——能源、化学制品、金属和纸的生产对地球将造成严重的损害。①

这种损害所导致的直接结果是自然资源的枯竭和生态环境的破坏。

如果生态危机是过度消费所导致的结果，那么处于消费社会中的每一个消费者都负有不可推卸的责任。因为，作为消费社会中的每一个消费者都参与了消费活动，这也就间接地导致了生态危机。依据这一逻辑，如果每一个消费者都应该对环境的破坏负责，那么除非每一个消费者都主动地改变自己的生活方式，否则，生态危机的解决就是不可能的。对此，有学者指出："从长远看，除非普通百姓——加州的家庭主妇、墨西哥的乡间老翁、苏联的车间工人、中国的田头农民，愿意调整其生活方式，否则，保护环境的任何努力都将归于失败。"这种消费者人人都应该为生态危机负责的观点被称为"人人有错论"。坚持该观点

① ［美］艾伦·杜宁．多少算够：消费社会与地球的未来［M］．毕聿，译．长春：吉林人民出版社，1997：30.

的学者认为，每一个消费者都应该为自己的选择负责，每一个消费者都转变观念，实现观念上的革命才能真正改变当下的环境状况。这意味着，解决生态危机的根本途径是转变人们的观念，唤起人们的责任，促使人们在实际行动中改变自己的生活方式。对此，有学者指出："这场革命必须在我们每个人的灵魂深处爆发，必须贯穿于我们日常生活的点点滴滴……全球性的巨变不过是人人转变观念而已。"①

那么，"人人有错论"的观点是否正确呢？在我们看来，这种观点存在着明显的错误。因为，导致消费社会产生的主要责任并不在于消费者而在于生产者和社会决策者。如果我们去超市挑选商品或者仔细想想我们日常生活中所能够消费的商品就会发现自身并没有太多的选择权，消费者只能选择消费品生产者所提供的选择。如果人人有错，或者说消费者生产者有着同等的责任，那么这将会掩盖生产者和政策决策者应该承担更多的责任，同时也掩盖了人人有错论正是生产者和政策决策者所塑造的这一事实。导致的结果是，"如果每个人都同等程度地参与了问题的制造，那么我们就无法让任何具体的机构或人员出来负责任"。②更为严重的结果是，"人人有错论"不仅会使人们找不到具体的个体或组织来为生态危机负责，而且会使人们认为"或许谁也不必为环境问题负责。因为罪魁祸首是一些不可名状，也许是不可避免的力量"。③

与每一个消费者相比，在生态危机的问题上，商品的生产者和政府的政策决策者应该负有更大的责任，因为"与超市中消费者的决定相

---

① ［德］丹尼尔·A. 科尔曼. 生态政治：建设一个绿色的社会［M］. 梅俊杰，译. 上海：上海译文出版社，2002：35.

② ［德］丹尼尔·A. 科尔曼. 生态政治：建设一个绿色的社会［M］. 梅俊杰，译. 上海：上海译文出版社，2002：40.

③ ［德］丹尼尔·A. 科尔曼. 生态政治：建设一个绿色的社会［M］. 梅俊杰，译. 上海：上海译文出版社，2002：41.

比，生态危机与公司会议室、产品制造厂和国会这些地方做出的决定有着更大的关系”。[①] 也就是说，生态危机的根源应该追溯到一些比每一个具体的消费者更为宏观的社会关系中，仅是每个个体改变自己的生活方式而不改变这些宏观的社会关系并不能实现环境状况的根本性改善。这告诉我们，在改变环境状况的实践行动中“首先需要认清存在于现有经济与政治制度之中的社会关系，因为生态危机的根源最终可以追究到社会关系之中”。[②] 在对待生态危机成因的问题上不应该仅强调某一方面的原因而忽视其他原因，而是应该把所有人作为一个整体来考虑。每一个消费者自觉改变自己的生活方式固然必要，公民参与政府决策、影响决策则更为必要，“公民们必须求取更大的权力，直接地去影响公司与政府的决策。只有广泛的民族参与形式才能使公民能够争取到一个矢志于公众福祉和环境福祉的社会”。[③] 依据这样的观点，生态危机的治理涉及的主要不是个体消费者的消费主义生活方式能否转变的问题而是公民能否参与政府决策并实现环境政策的转变的问题。不过，我们将表明，不仅过度消费不是生态危机的根源，而且把政府公共环境决策上存在的问题视为生态危机的根源同样没有切中要害。对于这一观点，我们准备在第四章中进行讨论。

在生态危机成因的问题上，除了上述三种传统的观点外，还有宗教观念成因说和政治制度成因说等其他的一些观点。限于篇幅，我们不准备在这里一一进行讨论。我们通过上文的讨论想要表明的是，传统的关

① ［德］丹尼尔·A. 科尔曼. 生态政治：建设一个绿色的社会［M］. 梅俊杰，译. 上海：上海译文出版社，2002：42.

② ［德］丹尼尔·A. 科尔曼. 生态政治：建设一个绿色的社会［M］. 梅俊杰，译. 上海：上海译文出版社，2002：45.

③ ［德］丹尼尔·A. 科尔曼. 生态政治：建设一个绿色的社会［M］. 梅俊杰，译. 上海：上海译文出版社，2002：44.

于生态危机成因的主要观点都没有提供令人信服的论据。针对这一情况，我们在下一章中将从生态学的角度出发就生态危机的根源做出尝试性的分析。在这种尝试性的分析中，我们并不打算武断地声称已经对于生态危机的成因做出了全面的和完备的说明，而是表明我们所提供的是一种与传统的主张相比更为全面、更为合理的观点。

## 第四节　本章小结

逻辑上说，确定生态危机的成因是我们解决生态危机的前提。然而，从现实上来看，人们在生态危机成因的问题上却是众说纷纭。从这一点上，我们也就多少能够了解人们在生态危机上争论远远多于共识的主要原因。在这些关于生态危机成因的讨论中，主要的观点有三种：人口增长、技术滥用和过度消费。不过，在具体的讨论中，我们会发现这些观点都是站不住脚的。

最早提出人口增长是生态危机原因的学者当属19世纪的托马斯·马尔萨斯。在他看来，由于人口呈几何级数激增而环境和资源却非常有限，这就会出现生物物种因为争夺有限的资源所导致的激烈的竞争和对环境资源过度的使用所带来的生态破坏。后来，保罗·艾里希的《人口炸弹》和罗马俱乐部的《增长的极限》这两本著作提出类似观点。艾里希认为，人口就像炸弹一样，它的不断增长势必会引起一场巨大的全球性的灾难；而后者的作者认为，人口的增长将会在不久的将来达到极限，因为与人口增长相关生产资料和生活资料的增长将会达到极限，资源匮乏和环境污染的状况将会变得更加严重。正是这两本著作进一步强调了人口增长罪魁祸首的角色，使人们更加坚信人口增长在生态危机形成的过程中负有不可推卸的责任。

然而，在具体的讨论中，我们会发现人口的增长与生态危机之间并不存在明确的因果联系。人口的增长和生态危机更像是同一个原因所产生的两种不同的结果。在上文的论述中，有学者把它们两个的表面原因归结为贫困，而深层原因则是政治。不管这样一种观点是否代表了最终的答案，它至少表明人口的增长并非生态危机的真正根源。由此，在生态危机成因的讨论中，我们可以排除掉人口增长说。

而那些把科学技术的滥用视为生态危机成因的学者给出的原因主要有两个方面：一是历史的方面；一是现实的方面。从历史上来说，把科学技术与生态危机联系在一起表明了社会和大众对待科学的态度在时间上所发生的改变：从对科学的推崇和弘扬转变为对科学的恐惧和反感；而从当下的现实来看，把科学技术视为生态危机的根源揭示出了人们在面对科学时所带有的矛盾情感：人们一方面利用和享受着科学技术带来的进步和福利，另一方面又把人类社会中产生的很多问题归罪于科学。对于这两个方面，我们在上文进行了深入的分析和阐释，并指出从这两个方面并不能得出科学技术就是生态危机的根源的结论。

当然，在这一部分的讨论中我们并没有就科学技术是否是环境污染的根源的问题提供正面的和明确的回答，但是，从极端环境主义者对待科学技术的自相矛盾的态度中人们就会发现把科学技术作为生态危机根源的观点并没有看上去的那么确凿无疑。而在后面的讨论中，我们则尝试从人类学的角度说明科学技术在人类文化演化中的作用。在这一讨论中，我们会指出科学技术与人类的文化进化密不可分，它并不是生态危机的根源，把其视为生态危机的根源不仅不利于生态危机的解决，反而可能阻碍生态危机的解决和人类社会的进步。

对于把生态危机的根源归因于过度消费的观点同样面临着很多的问题。这种观点认为生态危机的主要原因在于人类对自然资源的过度消费。人类要获得生存和发展就需要消费大量的消费品，而这些消费品的生产是以利用和消耗各种自然资源为代价的。在当今社会中，由于受到消费文化的影响，全世界很多国家都普遍存在着以消费主义为观念基础的过度消费和炫耀性消费等状况，并且这些状况导致了严重的环境影响。在学者们看来，世界范围内蔓延的消费者生活方式的野火标志着人类曾经经历过的日常存在中最快捷的和最基本的变化，经过短短的几代，我们已经变成了汽车驾驶员、电视观看者、商业街的购物者和一次性用品的消费者。依据这样的观点，生态危机的治理涉及的主要不是个体消费者的消费主义的生活方式能否转变的问题而是公民能否参与政府决策并实现环境政策的转变的问题。不过，我们将表明，不仅过度消费不是生态危机的根源，而且把政府公共环境决策上存在的问题视为生态危机的根源同样没有切中要害。

总之，现有的三种主流的生态危机成因的不同学说都是不成立的，这构成了本书讨论的基础。在下文中，我们尝试以生态学的研究为基础来分析人在自然中的位置，并对生态危机的成因给出一种新的理论和说明。这一说明将会成为本书后面所提出的理论和实践的基础。

# 第二章　人类在自然中的位置

人类社会取得了长足的发展的同时也面临着严重的问题和危机，对于这些问题和危机的根源，人们众说纷纭。要找到这些问题的根源，厘清这些问题的思路并最终找到解决它们的办法，我们还要从人类自身着手。在我们看来，我们必须对人类自身的生存状态做出深刻的反思，这种反思不应该仅仅是在某个亚文化的或社会的层次上进行的，它应该是对作为一种物种的整个人类的反思。在根本上，生态危机问题不过是人与自然关系的问题，要解决这些问题，我们首先要反思的是人类在自然中的位置，其次才能基于这种反思确定人类应该以什么样的方式对待自然，最后真正重现我们所希望的人与自然和谐共存的局面。对于人与自然关系的反思，我们不可避免地要借助当代科学，尤其是生态学在这个问题上已经取得的成果。我们在下文中将展开关于当代生态学研究成果的一般性介绍和考察。在这个过程中，或许对于人类在自然中究竟处于何种位置或者人类在人与自然关系中应该扮演什么角色这一问题，我们能够找到一个较为清晰的答案。

## 第一节　生态系统与生命的共存

生态学的英文“Ecology”来源于希腊文，由词根“oikos”和“logos”演化而来，“oikos”意为“家”或“住所”，“logos”意为“研究”。从词源来看，“Ecology”就是关于家或住所的研究，引申意为关于有机体与其栖息环境之间相互关系的研究。历史上有许多的学者已经或多或少地论及了生态学的部分研究内容，但是首次对于生态学的研究内容给出明确定义的是德国动物学家恩斯特·海克尔（Enrst Haeckel）。他在1968年所给出的生态学的大致定义是：生态学是研究生物有机体与其周围环境相互关系的科学。在此之后，也有很多学者给出了多种不同的定义。直到今天，在生态学这个概念已经被提出了100多年之后，人们在如何定义它的问题上仍然存在着许多争议。不过，海克尔最初给出的定义已经被越来越多的学者所认可，逐渐成为一种对于生态学学科研究内容的官方定义。从这个定义中，我们可以看到生态学不过是生物学学科的一个分支。从其发展历程来看，它还是生物学中的一个相对年轻的分支。但是，从其研究对象来看，它几乎可以囊括宇宙中的所有事物，因为宇宙中的所有事物也不外乎有机生命和无机环境两类。正是由于其独特的研究对象，生态学从一个学科分支逐渐走入大众的视野，并最终成为一门显学，同时它也开始从自然科学领域渗透到人文科学领域，比如当代许多的学科或研究分支都带有“生态”两字就是最好的证据。导致生态学的科学地位产生这一转变的重要原因之一就是20世纪60年代以来人类社会普遍面临的生态危机。生态危机可以说是人类与自然环境关系失调的重要表现之一，由于这一现实的推动，它也成为现代生态学的重要研究内容之一。可以说，在人与自然关系的问题上，生态学以及与之相关的学科群提供了最多，也最为全面的洞见。

而在生态学中，生态系统（ecosystem）全面地反映了生态学的研究对象。1935 年英国植物生态学家阿瑟·坦斯利（Arthur George Tansley）首次提出“生态系统”概念。根据他的定义，生态系统是指在一定时空范围内生物成分和非生物成分通过彼此间的物质循环、能量流动和信息传递相互联系、相互制约而共同形成的一个生态学功能单位。①“生态系统”只是生态学上的功能单位而非生物分类单位。生态系统作为有机体和无机环境相互作用形成的统一整体而发挥特定的功能，这种特定功能并不作为生物学上的分类单位而用于区分不同的物种或物种以上的分类阶元。

“生态系统”也可以说是在一定区域内栖息的所有生物物种与其环境之间通过持续的物质循环和能量流动过程所形成的功能统一体。生态系统中既有生物有机体也有无机环境，它包含了完整的生态学研究内容。有学者就指出“生态系统是生态学的基本单位，生态学的理论与实践都围绕其而展开”。②

可以说，对于生态系统的研究在很大程度上构成了所有生态学问题的研究基础。因而，对于生态系统的描述和说明也就构成了我们分析和

---

① TANSLEY A G. The Use and Abuse of Vegetational Concepts and Terms [J]. *Ecology*, 1935, 16 (3): 299.

② [美] 尤金·奥德姆，[美] 盖瑞·巴雷特. 生态学基础 [M]. 陆健健，等，译. 北京：高等教育出版社，2009：15.

理解生态学的哲学意蕴的科学基础。

生态系统广泛地分布在地球表面的各个地方，它们大小不同，复杂程度各异，大到整个地球生物圈、整个海洋和陆地，小到一片丛林、一个湖泊和池塘，甚至是一滴含有多种微生物的水滴。有的生态系统有着明确的边界，而有的生态系统的边界则较为模糊。不过，在地表上的所有生态系统，不论其是大还是小，不论其是海洋生态系统还是陆地生态系统，都有两个最为基本的构成部分：生物有机体和无机环境。这两个构成部分又可以进一步区分为四个要素：生产者（producer）、消费者（consumer）和分解者（decomposer）和无机环境。对于生态系统来说，生物有机体和无机环境都是其最为基本的构成部分，它们两者缺一不可。如果一个生态系统中没有生物有机体而只有无机环境，那么就不存在有机体与环境之间的相互作用关系，也就不存在生态系统。无机环境对生态系统的存在和维系同样重要，它为生态系统中的所有生物有机体提供生存和活动的空间以及生物有机体所需要的物质和能量，从而构成了所有生物有机体得以生存和繁衍的基本前提。如果生态系统中没有无机环境，那么生物有机体就无法获得自己赖以生存的空间以及物质和能量，生态系统也就不再成其为生态系统。

生物有机体因其在生态系统中所起作用的不同而被划分为三个不同的功能群，这就是上文已经提到的生产者、消费者和分解者。下面我们分别对它们各自的构成及其功能做一些更为详细的说明。

生产者是指能够利用太阳能或其他形式的能量将成分简单的无机物转化成有机物的各类生物有机体，主要是可以进行光合作用的绿色植物，此外还包括一些光合细菌和化能合成细菌①。生产者是生态系统中的最为基础的构成部分，它们为生态系统中的其他部分提供物质和能量。

消费者是指那些自己不能利用光合作用把无机物转化为有机物，而只能直接地或间接地依赖生产者所生产的有机物维持生命的各类生物有机体，主要包括各类动物。根据食性的不同，消费者又被分为如下几类：1. 食草动物（heterotroph），主要包括马、牛、羊等动物和食草类昆虫，它们直接以植物为食，也被称为初级消费者或者一级消费者。2. 食肉动物（carnivore），主要以食草类动物或其他动物为食，它们可以进一步被区分为：（1）一级食肉动物，它们直接以食草性动物为食，比如以食草类昆虫为食的鸟类等，它们也被称为二级消费者；（2）二级食肉动物，它们是以一级食肉动物为食的动物，比如狼、虎、豹等，它们也被称为三级消费者；（3）三级食肉动物，它们是在二级食肉动物中可以捕猎其他二级食肉动物的动物，比如以蛇类为食的鹰、隼和其他一些以二级食肉类动物为食的大型食肉类动物虎、豹等。因为这一级的食肉类动物体型庞大、具有很强的攻击力和杀伤力，一般情况下，在生态系统中很难有其他的食肉类动物可以捕食它们，因而它们也被称为“顶级食肉动物”（top carnivores）。通常来说，自然中的顶级食肉动物往往比较少。3. 杂食动物（omnivore），主要指的是既以植物为食又以动物为食的动物，比如熊猫、狐狸等，也包括人类。4. 腐食动物（saprotrophic），主要是指以腐烂的动物和植物为食的动物，比如秃鹫、鬣

① “光合细菌”体内含有类似于绿色植物的叶绿素的光合色素，它们利用这些光合色素可以进行光合作用；“化能合成细菌”是一类依靠化能合成作用来获取营养的细菌，它们大多能以二氧化碳为主要碳源，以无机含氮化合物为氮源，合成细胞物质，并通过与外界无机物发生氧化作用来获得自身所需要的能量。

狗等。5. 寄生动物（zooparasite），主要指寄生于其他动物和植物身体上，靠吸取被寄生生物身体上的营养为生的生物，比如蚊子、跳蚤和虱子等。

分解者也被称为还原者（reductor），主要是指从生产者或消费者的代谢废物和死亡有机体中获得它们所需要的物质和能量，并把生物有机体转化为无机物以供生产者再利用的各种生物有机体，主要包括细菌、真菌等微生物。在生态系统中，分解者扮演着十分重要的角色，它们从消费者或消费者的代谢废物和遗体中获取自身所需要的物质和能量，在这个过程中把有机物分解或还原为无机物以供生产者再利用。可以说，分解者的存在不论对于生产者还是消费者都有着非常重要的意义，如果没有消费者的存在，那么消费者的遗体和残骸将不会被分解或还原，从而生产者也就不能获得足够的物质和能量。

生态系统的另外一个非常重要的构成成分是无机环境。无机环境主要指的是生态系统中的非生物成分，它们包括物质因子和能量因子以及与物质和能量运动相联系的气候状况等。非生物成分中的物质因子主要包括岩石、土壤、水、光照、温度、湿度、气压等因素以及各种生命有机体所产生的代谢物质，如二氧化碳、空气、水等空气成分和氮、磷、钾、钙等矿物质元素和无机盐类，还包括一些可以连接有机体和无机环境的有机物质，比如蛋白质、糖类和脂类等；能量因子主要包括太阳能、风能、水能、机械能、潮汐能、化学能和核能等。

那么，紧接着的问题是，生态系统中有机体和无机环境是如何相互作用从而形成一个有机的功能统一体的呢？要回答这个问题就不能不提生态系统的“营养结构”（nutrition structure）。所谓生态系统的“营养结构”是指生态系统中的各种生物有机体之间或生态系统的各个功能群（生产者、消费者和分解者）之间以营养为纽带通过吃与被吃的食物关系连接而成的食物链（food chain）和食物网（food web）结构以及物质和能量在食物链和食物网中进行循环和流动的结构。其中的食物链指的是生态系统中不同的生物物种通过彼此间吃与被吃的营养关系连接而成的环环相扣的食物链条，而食物网则是由不同的食物链彼此联结而成的极其复杂的食物网络。生态系统的物质循环、能量流动和信息转化正是通过复杂多样的食物链和食物网而得以实现和展开的。

食物链是生态系统“营养结构”的基本构成部分。它也最为集中地体现了生态系统的营养结构的基本特征。首先我们应该明确的是，食物链中的链条是通过营养关系而确立的，生产者通过利用太阳能等能量合成有机物，消费者通过吃进生产者而获得营养和能量，分解者分解生产者或消费者为生产者合成有机物提供营养，从这些营养关系中可以看到生产者、消费者和分解者在食物链中的作用和位置；其次应该明确的是，这种营养关系是通过生物有机体之间吃与被吃的关系而建立起来的，比如在植物被蝗虫吃，蝗虫被青蛙吃，青蛙被蛇吃，蛇被老鹰吃，这个食物链中存在着五个营养级（trophic level）：植物是第一营养级，蝗虫是第二营养级，青蛙是第三营养级，蛇是第四营养级，老鹰是第五营养级，作为生产者的植物是第一营养级也是最为基础的营养级，它是处于其他营养级中的生物能够获得营养的基础；最后这种吃与被吃的营养关系也可以进一步细分为不同的类别，它们既可以是捕食与被捕食的关系，也可以是寄生与被寄生的关系等。总之，自然界中存在着多种多样的吃与被吃的营养的关系，同一生产者可能被多个消费者所吃，不同的生产者也可能被同一个消费者所吃，这些多种多样的营养关系纵横交错、紧密相连就形成了食物链（网）。

食物链（网）使有机体之间和有机体与环境之间形成了紧密的联系。生态系统是一个开放系统（opened system），它需要通过与外界进行物质和能量的交换来维持自然的有序运转，而食物链（网）是生态系统与外界进行物质循环和能量交换的载体。生态系统中的各个生物有机体之间以及由它们所构成的生态系统的各个功能群之间正是通过食物链（网）进行物质循环、能量流动以及信息交换从而使生态系统成为一个有机的功能整体。因而，可以说，生态系统中的食物链（网）是生态系统中的物质循环、能量流动以及信息传递的基本途径，同时也是生态系统中的各个功能群的功能得以实现的基础。食物链（网）的存在使得生态系统的生物有机体之间以及生物有机体与无机环境之间形成了相互依赖、相互影响、互利共存的紧密联系。

生态系统中处于不同营养级的生物有机体之间的吃与被吃的关系以及由此所形成的食物链（网）都是进化的产物。我们知道，自然中的空间和资源是有限的，不同的物种为了争夺有限的空间和资源而进行“生存竞争”（struggle for existence）。然而，生存竞争并不总是意味着你死我活，它导致的另一个结果是，不同的物种逐渐形成自身独特的生活习性和食性，与其他物种之间建立了相对稳定的吃与被吃的关系，从而使每一个处于食物链（网）中的物种都占有属于自身的独特的自然空间和资源，即“生态位”（niche）。① 处于不同生态位的物种彼此之间协作共生，联结成复杂程度不同的食物链和食物网，从而使生态系统中呈现出不同物种间相互作用、相互依存的景象。这种互利共存图景的产生是以物种之间吃与被吃的关系为前提的。也就是说，生态系统中的生物有机体的生存必然是以消灭它的营养对象为前提，这是由自然法则所决定的。这个法则就是我们日常所说的丛林法则，由这个法则所支配

① SCHWARZ A. *Dynamics in the Formation of Ecological Knowledge* [M] //SCHWARZ A, JAX K. *Ecology Revisited: Reflecting on Concepts, Advancing Science*. Berlin: Springer Science and Business Media, 2011: 130.

的自然中似乎都是一种捕食和猎杀其他生物的血腥场面，好像自然中存在的就只有竞争和捕食。然而，从整个生态系统的层面来看，正是这种吃与被吃或捕食和被捕食的关系促进了自然的循环和能量的流动，形成了生物有机体之间互利共存的局面，造就了我们所看到的生机勃勃的自然。所以，可以说，正是在自然选择的作用下自然中才形成了食物链（网）独特的结构和运作方式，并使生态系统成为一个有机的统一整体。

生态系统形成之后，其中的构成部分与其功能之间便会形成相互适应和相互协调的状态从而使生态系统自身具有一定的稳定性。我们已知，生态系统是一种开放系统，它在与外界环境之间进行物质和能量交换的过程中，可能会受到外界环境的干扰和破坏。不过，每一个生态系统本身对于外界环境的干扰和破坏都有一定的自我调节和自我修复能力。比如，在传统的人类社会中，人类对于野生动物的适度捕猎就可以视为是对原有生态系统的干扰。不过，对于这种干扰，生态系统本身可以通过自身的自我修复的能力来保持被捕猎生物数量的相对稳定。在生态学中，生态系统的这种能够自我修复，抵抗外界干扰和保持自身相对稳定的倾向被称为“生态系统稳定性”（ecosystem stability）或生态平衡（ecological equilibrium）。生态系统的稳定性是一种动态的稳定性，这是由生态系统本身以及外界环境的性质所决定的。生态系统中的生物种群是不断发生变化的，生态系统外的无机环境也是在不断发生变化的，因而，生态系统的稳定性是相对的，它只是在一定范围内的稳定性。在特定的范围内，生态系统自身可以在某种程度上承受来自外界环境的压力和干扰，同时可以通过自身的自我调节能力来修复外界环境所带来的干扰和破坏，保持自身的相对稳定性。然而，一旦来自外界环境的压力和干扰超出了生态系统可以承受的范围，生态系统自身的自我调节和自我修复能力可能就会失灵，其自身的相对稳定性就会遭到破坏，甚至会导致整个生态系统的崩溃。生态系统承受来自外在环境的压力和干扰并通过自我修复和自我调节来保持自身相对稳定的限度被称为“生态阈值”（ecological threshold）。① 对于生态系统而言，外界环境的干扰和破坏在生态阈值之内的，生态系统可以通过自身的调节能力恢复自身的平衡状态；而在生态阈值之外的，生态系统的自我调节能力便会降低甚至会完全遭到破坏，由此导致生态系统衰退或崩溃，这就是所谓的“生态平衡失调”。

基于上文对生态系统的基本构成以及不同功能群之间相互作用方式的描述，我们尝试对其所可能含有的哲学启示做一些说明。生态系统的构成及其基本运行方式所呈现出来的一个基本特征是：生态系统中处于不同功能群的种群或物种之间是彼此共存（coexistence）的。这个基本的特征表明，生态系统中的不同物种之间呈现出相互作用、相互依存的（interdependent）紧密联系。食物链和食物网中的不同物种间通过物质循环和能量流动彼此相互作用、相互依存，每一物种在消费其他物种提供的物质和能量的同时也为其他物种提供物质和能量。每一物种都在这种相互作用、相互依存的关系中获得维持生存所必需的的物质和能量，每一物种的生存和延续都以其他物种的生存延续为前提，任一物种都不可能独立于其他物种而存在。这就使生态系统中的任一物种都不可能以消灭其他物种的方式获得无限制的物质和能量，任一物种的大量减少和灭绝都可能会打破“生态平衡”，甚至可能会最终导致整个生态系统的崩溃。

---

① GROFFMAN P, et al. Ecological Thresholds: The Key to Successful Environmental Management or an Important Concept with No Practical Application? [J]. *Ecosystems*, 2006 (9): 2.

由上述生态系统的相互依存性特征所推出的一个直接结论是：生态系统是无中心的或去中心化的。生态系统中的不同种群通过食物链（网）形成了相互联系、互利共存的关系，表明其中的所有种群都处于一个网络之中。处于网络之中的任一种群的存在都是以其他种群的存在为前提的，或许有些种群对于生态系统的正常运行所起的作用相对于其他种群来说要大一些①，然而，它们的功能的发挥同样需要以其他种群功能的正常发挥为前提，任一种群都不可能具有支配性的作用和地位。由此，我们也可以说处于食物网中的所有种群都具有“平等”的地位，每一个种群对于生态系统的正常运行来说都是必不可少的。

## 第二节 人类世的定义及其争议

如果整个地球表面的所有生态系统都按照自然所塑造的法则运行着，那么作为地球上最大的生态系统——生物圈中的一员的人类是否也遵循着同样的自然法则呢？换言之，人类是否是（或应该是）生态学的研究对象呢？如果人类不应该成为生态学的研究对象，那么这意味着在生态危机的问题上，生态学并不能够为我们提供太多的教益；如果人类应该成为生态学的研究对象，那么人类在自然中或者在生物圈中究竟有着怎样的形象呢？进一步来说，这种形象的获得对于我们解决生态危机会带来什么样的帮助呢？在回答这些问题时，我们尝试引入人类世概

① 生态系统中的不同物种所起的作用对于保持其结构的稳定性所发挥的功能和作用是不同的，有些物种的作用相对较大，有些物种则相对较小，其中起到主导和关键作用的物种被称为“关键物种”（keystone species）。

念，这个概念的引入不仅可以很好地对上述问题做出解答，而且对人类在自然中的形象和地位也能提供一个相对适切的、全面的概括。

在是否应该把人类纳入生态学的研究对象这个问题上，生态学家之间存在着一定的争论，生态学的研究内容也在学者们争论的过程中发生着变化。这些争论产生的主要原因在于人类与其他生物有机体之间存在巨大差异。在人与自然关系的问题上，通常的观点是，人类来自自然，但是人类已经脱离自然形成了独立而庞大的人类社会，在整个自然史中，除了人类这个物种之外，没有任何一个物种做到这一点。人类从自然中脱离出来，成为一种与自然相对应的存在物。可以说，正是人类的这个特征引发了学者们在生态学研究对象上的争论。生态学在探究生物有机体与环境之间的关系时，面对的对象是整个自然，不论是生物有机体还是与之相对的环境都属于自然的一部分。如果把与自然相对应的人类也纳入生态学的研究对象中，那么不仅生态学的研究对象会发生变化，而且生态学的学科性质也会发生改变。如果仅以自然为研究对象，那么生态学就是一门只以自然为研究对象的纯粹的自然科学。然而，如果要把整个人类都纳入生态学的研究对象之中，那么生态学将会变成一门综合性的学科。这门综合性学科的研究对象不仅包括自然，而且也包括人类以及与人类相关的各种因素。在这场争论中，很多生态学家呼吁把人类纳入生态学的研究对象之中，其中最具代表性的是美国生态学家尤金·奥德姆（Eugene Odum），他明确主张应该把生态学视为一门“新生态学”① 或者“新综合性学科”②。如果这一呼吁被接受，那么生态学将不再仅仅是一门普通的自然科学学科，而是最为全面地涵盖了包

① ODUM E. The New Ecology [J]. *BioScience*, 1964, 14 (7): 14-16.

② ODUM E. The Emergence of Ecology as A New Integrative Discipline [J]. *Science*, 1977, 195 (4284): 1289-1293.

括人类在内的整个生物圈的一门全新的综合性学科。随着生态危机问题的日益严峻，这一呼吁被越来越多的学者们所接受，人们开始形成普遍的共识。这个共识就是，生态学应该被发展为一门新的综合性的学科，人类应该被纳入生态学的研究对象之中，人类以及与人类相关的活动对自然环境所带来的影响应该成为生态学的研究内容。学者们认为，只有如此，生态学才能为环境问题的解决以及人类的环境保护实践提供科学的基础。

一旦人类纳入生态学的研究对象之中，随之而来的问题就是人类在生物圈中究竟处于什么样的位置。人类是否像其他生物有机体一样在生态系统中占据特定的生态位呢？人类是否也通过食物链（网）与其他生物种群处于一种共存的关系之中呢？第一个问题的答案较为明显。从人类自身的存在状况来看，不论我们多么地不同于其他物种，又或者我们具有了多少其他物种所不具有的能力和力量，人类都不能否认自身也不过是一个物种罢了。按照生态系统中的不同功能群之间的划分，人类属于消费者中的杂食动物，而且是最为高级的食肉动物。人类在自身演化的过程中，形成了自己的生物习性和食性，在自然生态系统中占据了特定的生态位。

第二个问题的答案似乎就没有那么明显了。如果承认人类和其他生物物种一样占据着特定的生态位，那么人类与其他生物物种之间也存在着吃与被吃的营养关系，并且是食物链（网）中的一环。更确切地说，人类处于食物链的顶端，属于最高的营养级。从人类在自然生态系统中所处的位置而言，人类对自然生态系统的依赖是毋庸置疑的，而自然系统对人类是否存在着依赖关系似乎就没有那么明显了。人类对自然的依赖关系体现在，人类与其他生物物种一样也是在吃与被吃的营养关系中获得自己所需要的物质和能量，因而人类也和其他生物物种一样要参与到生物圈的物质循环和能量流动之中。可以说，自然生态系统是人类生存和发展的物质基础，人类只有在对自然的消费和利用中才能使自身得到生存和繁衍。而自然对于人类的依赖关系应该如何理解呢？由人类自身所处的生态位而言，自然对于人类似乎没有依赖关系。因为，作为最高级的杂食动物的人类处于食物链的最顶端，我们像顶级食肉动物一样在自然中是少有天敌的，通常情况下，只有人类捕食其他生物种群，没有其他生物种群可以捕食人类。换言之，人类在与其他生物群体的吃与被吃的营养关系中，总是扮演吃的角色而很少扮演被吃的角色，对于其他生物而言，人类总是从生物圈中获取物质和能量却很少贡献物质和能量。当然，人类之所以如此并不是人类自身所决定的，我们在食物链（网）中所处的位置和其他生物种群一样都是自身演化的结果。总之，在人类与自然的关系中，人类对自然的依赖要远远大于自然对于人类的依赖。

不过，有人可能会说这样的评价是不恰当的，既然我们成为生物圈中的一员是生命进化的结果，这意味着人类一定在生物圈中扮演了特定的角色，对于维系生物圈的正常运转必定发挥着重要的作用。当然，谁也不能否认人类在生物圈中的作用，这种作用主要表现在，人类作为消费者和其他消费者一样在消费其他生物物种的同时，人类也像其他消费者一样可以为分解者提供营养。如果人类的作用仅是如此，那么我们的许多争论就显得没有必要了。关键的问题是，人类作为消费者在自身生存和繁衍的过程中，对于自然资源无节制的消费和利用导致了严重的生态危机。也就是说，人类对于自然资源的消费不仅没有为自然环境带来更多的好处，反而带来了更多的干扰和伤害。因而，有人认为人类对于自然资源的索取要远远大于贡献，甚至有人更加极端地认为，如果地球上没有人类的存在，生物圈可能会运行得更好，也不会有生态危机的出现。当然，这种极端的言论并不值得我们做进一步深究。不过，有一个问题是我们始终绕不过去的，那就是现在的人类还能被视为在生物圈中占据着特定生态位的一种普通物种吗？如果说人类曾经的确是一种普通的物种，那么现在的人类应该早已不是一种普通的物种了。我们会发现人类早已突破了自然法则所设定的生态位对于我们的限制，从一个原先只属于特定地理区域的物种扩展为遍布全世界的物种，甚至整个生物圈最终都打上了人类的烙印。我们已经成为与整个生物圈相对而存在的生物。如果我们已经不再是生物圈中的普通一员，那么我们在生物圈中究竟有着怎样的位置，又或者说，现在的人类对于整个生物圈的正常运行能够发挥什么样的作用呢？

在这一节中，我们主要说明人类世提出的背景，人类世的定义及相关争论。在下一节中，我们则依据本节关于人类世的讨论来对上述问题做出解答。

自工业革命以来，人类活动所导致的全球性的环境问题变得日益严峻。人类世概念就是这一背景下被提出的。一经提出，它便很快地吸引了学者们的目光，并在科学领域内外产生了越来越广泛的影响。人类世现已成为一个少有的能被快速地传播和使用的科学概念，同时也是一个少有的能够招致那么多的误解和混淆的科学概念。① 这些误解和混淆的一个直接表现是，人们在人类世的定义上的分歧和争论。② 目前，大致存在着三种不同的人类世定义：在地层学（Stratigraphy）中，人类世被视为一个潜在的地质年代；在地球系统科学（Earth System Science）

① ANGUS I. *Facing the Anthropocene* [M]. New York：Monthly Review Press，2016：25-26.

② 需要指出的是，并非所有的学者都承认人类世的存在，本书将不涉及这些否定性的观点。

中，人类世是一个人类的活动已使作为整体的地球系统进入全新的状态之中的时代；而在更为宽泛的一般性定义中，人类世则被认为是一个人类成为一种新的地质力量的时代。① 然而，这三种定义在说明“人类世始于何时”和“人类世意味着什么”这两个问题时却表现出相互冲突之处。本书试图找到这些冲突的根源所在，并尝试提出可能的方案消除这些冲突，从而为理解人类世概念提供一个较为融贯的基础和框架。

早在19世纪中后期，有学者就已经提出“人类代”（Anthropozoic Era）或“智慧圈”（noösphere）等新概念来表征人类活动对地球的巨大影响。不过，这些概念并没有引起人们的广泛兴趣。直到大气化学家保罗·克鲁岑和生态学家尤金·斯托默（Eugene Stoermer）在2000年提出人类世概念之后，这一状况才有所改变。他们提出这一概念是想表明，自18世纪以来，包括人口增长、城市化和化石燃料的大规模使用等在内的一系列人类活动已经对全球环境产生了剧烈的影响，人类已经逐渐成为一种具有巨大影响力的地质力量，当今地球所处的地质时代完全可以用人类世命名。同时，他们还认为，人类世开始于18世纪晚期，大致与1784年瓦特改良蒸汽机同时期。② 随着克鲁岑和其他学者的不断宣扬和讨论，人类世概念不仅为愈来愈多的自然科学家和人文社会科学家接受，而且成为新闻媒体和普通大众热议的话题。

不同学科的学者们都以自己的方式理解和使用人类世概念，从而产生了多种不同的定义。目前为止，学者们所提出的人类世定义，大致可以归结为我们在导言中已经提到的三种。下文中，我将对这三种定义的

---

① HAMILTON C, BONNEUIL C, GEMENNE F. *Thinking the Anthropocene* [M] //HAMILTON C, BONNEUIL C, GEMENNE F. *The Anthropocene and the Global Environmental Crisis: Rethinking Modernity in a New Epoch* [M]. London: Routledge, 2015: 1-13.

② CRUTZEN P and STOERMER E. The Anthropocene [J]. *IGBP Newsletter*, 2000 (41): 17-18.

具体内容分别做出说明。

地层学的定义依据人类活动在地层中留下的印记定义人类世。我们知道，地质学家们使用宙（eon）、代（era）、纪（period）、世（epoch）和期（age）作为层级单元，依据地质地层的证据划分地球的地质年代，由此编制出“地质年代表”（geological time scale）。依据地质年代表，我们当下所处的地质年代是，显生宙（Phanerozoic Eon）、新生代（Cenozoic Era）、第四纪（Quaternary Period）、全新世（Holocene Epoch）。当然，每一个地质年代的划分都不是随意的，它们都反映了地球上的生命形式或其他主要的地质条件的变化，并且这些变化要能够在由岩石、地质沉积物和冰层等所构成的地层中被观测到。地质学中专门研究地层的学科分支就是地层学。如果克鲁岑等人所提议的人类世要成为一个正式的地质年代，那么地层学家要在地层中找到人类活动留下的特定印记，并且这些印记要能够作为与全新世相区别的依据。地质年代表中的每一个地质年代之间都有特定的划分依据，这个依据被称为“全球标准层型剖面和点位（Global Stratotype Section and Point，简写为 GSSP）”，俗称“金钉子”。“金钉子”是在特定地理区域内，特定地层中的一个能够反映全球变化，可用于区分两个不同的地质年代的物理标志点。① 2009 年国际地层委员会（International Commission on Stratigraphy，ICS）设立了以简·扎拉斯维奇（Jan Zalasiewicz）为主席的人类世工作组，以寻找并确立人类世的“金钉子”。人类世工作组所确立的“金钉子”只有经国际地层委员会和“国际地质科学联合会”（International Union of Geological Sciences，IUGS）

① 若找不到 GSSP，也可以用“全球标准地层年龄”（Global Standard Stratigraphic Age，GSSA）替代。GSSA 是地层记录中的一个用于区分不同地质年代的特定的时间标志点。

60%的成员投票通过，人类世才能成为一个正式的地层学命名。目前为止，地层学家们关于人类世的“金钉子”还存在着许多的争论，人类世还不是一个得到 ICS 和 IUGS 承认的正式命名。因而，在地层学中，人类世是一个潜在的，而非得到正式确认的地质年代。

地球系统科学则依据人类对地球系统的影响定义人类世。与传统学科相比，地球系统科学对于地球的研究有其与众不同之处。传统上，学者们对于地球的研究是彼此孤立的，不同学科的学者们都使用自身学科的方法分别对地球的不同方面进行研究。地球系统科学则是一门涵盖地球物理学、地质学、地球化学、气象学和海洋学等学科的综合性学科。它把地球视为一个由岩石圈、水圈、生物圈和大气圈等子系统所构成的复杂系统，并尝试阐明这些子系统之间的互动和作为一个整体的地球系统的时间变化。① 地球系统科学的研究不仅依赖地层学的证据，而且从地球的不同圈层中收集证据。依据该学科的研究，人类活动对地球系统的影响已使其在整体上发生了巨大的变化，由人类所主导的变化的量级、空间尺度和速度都是前所未见的，地球进入一个在功能和地层上都不同于全新世的地质年代——人类世。② 换言之，与全新世相比，地球系统的状态已经发生了一种整体上的改变，地球进入“一种没有先例的状态”（a no-analog state）之中。因此，在地球系统科学中，人类世的来临意味着，作为整体的地球系统在人类活动的影响下已经进入一个全新的状态之中。

第三种定义则从人类自身力量的变化来理解人类世。如果说前两种

---

① SHIKAZONO N. *Introduction to Earth and Planetary System Science* ［M］. Berlin：Springer，2012：161.

② WATERS C，et al. The Anthropocene is Functionally and Stratigraphically Distinct from the Holocene ［J］. *Science*，2016，351（6269）：2622.

定义较为严格和狭窄的话，那么这种定义则较为宽泛。这种定义既不依赖地层学的证据，也不借重来自地球各自圈层的证据。因而，我们可以称之为“一般性的定义”。它通常为前述两种学科之外的学者，尤其是人文社会学科的学者所使用。这一定义在很大程度上反映了人类活动所表现出的巨大影响力。对于这种影响力，克鲁岑等人在提出人类世概念时就已指出，人类已逐渐成为一种新的地质力量，人类力量的变化足以标示一个新的地质时代。而在更早的时候，“人类代”的提出者安东尼奥·斯托帕尼（Antonio Stoppani）就已指出，“人类活动作为一种新的地球力（telluric force）在力量和广泛性上可能足以与地球的巨大力量相比较”。① 依据这些观点，人类世的来临意味，人类已经成为一种能够与火山、地震和造山运动等传统的自然力相匹敌的新的地质力量，人类的活动与传统的地质力量之间的界限不复存在，人与自然关系发生了巨大变化。因而，人类世就是一个人类成为一种新的地质力量的时代。

概言之，这三种定义依据三种不同的方式定义人类世。地层学的定义依据人类活动在地层中留下的印记定义人类世，地球系统科学依据人类对地球系统的影响理解人类世，一般性的定义则是对人类自身力量的变化的概要性描述。这三种定义构成了不同学科的学者们理解和使用人类世概念的三种不同的方式。

不过，这三种定义在说明一些具体问题时会出现一些相互冲突之处。这些冲突主要表现为，依据这些定义去说明“人类世开始于何时”和“人类世意味着什么”这两个问题时，不同定义的支持者分别提供了不同的答案。下面，我们将依次说明这三种定义在这两个问题上所产生的分歧和争论。

---

① CRUTZEN P. *The “Anthropocene”* [M] //EHLERS E , KRAFFT T. *Earth System Science in the Anthropocene*. Berlin：Springer，2006：13-18.

我们先看地层学的定义和地球系统科学定义的支持者们在人类世开始的时间上的分歧。地层学的定义把人类世视为一个由人类活动引起的，但尚未得到正式确认的地质年代。依据这一定义，只有在地层中观测到足以与全新世相区分的人类世的“金钉子”，才可能使人类世成为正式的地质年代。换言之，依据地层学的定义，人类世的“金钉子”在地层中所显示的时间就是人类世开始的时间。以扎拉斯维奇等人为代表的地层学家们指出，人类开始于 1945 年，确定这一时间的主要依据是，一个历史转折点（1945 年，美国在新墨西哥州的阿拉莫戈多引爆第一颗原子弹）和一个化学地层学标志（原子弹爆炸后的放射性沉积物）。[①] 地球系统科学把人类世定义为人类活动影响下的地球整体状态的转变，因而这种转变发生的时间就是人类世开始的时间。作为地球系统科学家的克鲁岑和斯托默在首次提出人类世概念时把人类世开始的时间定位在大致与瓦特改良蒸汽机和工业革命同时的 1784 年。他们给出的理由是，人类在这一时期中大量使用化石燃料所导致的大气中的甲烷和二氧化碳气体浓度激增已经在地层中留下了可观测的印记。[②] 由此可见，地层学的定义和地球系统科学的定义分别给出了两种不同的关于人类世开始的时间的论断。

不过，这两种定义在人类世开始时间上的分歧似乎并非不可调和。当克鲁岑和斯托默最初提出人类世概念的时候，地球系统科学的研究尚未全面展开，他们给出的人类世开始的时间可能会包含许多猜想的成分。随着研究的深入和观测数据的完善，包括克鲁岑在内的很多地球系

---

① 这是一个 GSSA 而非 GSSP。参见 ZALASIEWICZ J, et al. When Did the Anthropocene Begin? A Mid-Twentieth Century Boundary Level is Stratigraphically Optimal [J]. *Quaternary International*, 2015, 383: 196-203.

② CRUTZEN P and STOERMER E. The "Anthropocene" [J]. *IGBP Newsletter*, 2000 (41): 17-18.

统科学家开始把人类世开始的时间确定为 20 世纪中期。① 这意味着，地层学的定义和地球系统科学的定义在人类世开始的时间上似乎并不存在实质性的分歧。②

实质性的分歧主要出现在前两种定义与第三种定义之间。上文已经对前两种定义在人类世开始时间上的理解做了说明。这里，我们主要说明第三种人类世定义对于人类世开始时间的理解。第三种定义把人类世视为一个人类成为一种新的地质力量的时代。依据这一定义，人类成为新的地质力量的时间就是人类世开始的时间。不过，学者们在人类对地球的影响要达到什么样的程度才能把人类视为新的地质力量这一问题上是存在分歧的。而学者们对这一问题的不同回答导致了他们在人类世开始时间上的分歧。有学者把人类开始大规模地砍伐森林和进行农业耕作，从而导致大气中的二氧化碳和甲烷气体浓度的增加视为人类成为新的地质力量的标志。依据这一观点，5000 到 8000 年前，人类农耕时代的开始被视为人类世的开端。③ 还有学者把人类对地球景观或生态系统的影响视为人类成为新的地质力量的标志。依据这种观点，人类早在 11000 年前就开始了对陆地生态系统的影响，人类世应该开始于 11000 年前。④ 当然，还有一些观点认为，人类世始于人类早期历史（主要是工业革命以前）的其他时间点，限于篇幅，这里不再赘述。⑤ 由此可见，地球系统科学的人类世定义与一般性的人类世定义在说明人类世开

---

① ANGUS I. *Facing the Anthropocene* [M]. New York: Monthly Review Press, 2016: 43.

② 事实上，这并非巧合。前文已指出，地球系统科学关注地球系统的整体变化，而“金钉子”则是能反映地球整体变化的地质标志点。

③ RUDDIMAN W. The Anthropogenic Greenhouse Era Began Thousands of Years Ago [J]. *Climatic Change*, 2003, 61 (3): 261-293.

④ ELLIS E. Using the Planet [J]. *Global Change*, 2013 (81): 32 - 35.

⑤ 这些观点被统称为“早期人类世”（early Anthropocene）假说。参见 HAMILTON C. The Anthropocene as Rupture [J]. *The Anthropocene Review*, 2016, 3 (2): 93 - 106.

始的时间时存在着明显的分歧：前者主张，人类世开始于20世纪中期，而后者则认为，人类世始于5000到8000年前或11000年前。

不同的人类世定义的支持者在解释“人类世意味着什么”这一问题时同样存在分歧。这一分歧集中表现为“好人类世”与“坏人类世”之争。我们知道，在地层学的定义中，人类世只是一个潜在的地质年代，地层学家们主要关注现有的地层证据是否足以支持人类世成为一个正式的地质年代。这意味着，不论他们的答案是肯定的还是否定的，我们都不能据此对人类世做出好或坏的价值评价。因而，可以说，地层学的定义在好/坏人类世之争的问题上是中立的。换言之，好/坏人类世之争主要存在于地球系统科学定义与一般性定义之间。地球系统科学家把人类世视为地球系统整体状态的改变。依据这一观点，人类世的来临意味着，人类活动已经从全球尺度上改变了地球系统的原有功能，从而打破了全新世以来地球系统所形成的稳定状态。与人类世的到来相伴的是，地球系统原有功能的改变所导致的一系列带有潜在的灾难性后果的全球变化。对此，有学者指出“地球进入一个新的地质时代，这个时代似乎是以难以预测和危险的方式发生着持续的变化的”。①② 对于这一系列变化，克里夫·汉密尔顿（Clive Hamilton）给出了一种生态灾变论（eco-catastrophism）的解释。他认为，人类世意味着地球系统整体状态的断裂，这一断裂带来了包括气候异常和物种灭绝等在内的一系列生态灾难，地球进入一个新的灾变期，这将为人类带来严峻的挑战。③ 因而，在他看来，人类世对人类来说是坏的。

① ANGUS I. *Facing the Anthropocene* [M]. New York: Monthly Review Press, 2016: 29.

② HAMILTON C. The Anthropocene as Rupture [J]. *The Anthropocene Review*, 2016, 3 (2): 93 - 106.

③ ELLIS E. The Planet of No Return: Human Resilience on an Artificial Earth [J]. *Breakthrough Journal*, 2011 (2): 39-44.

相反，如果人们接受一般性的人类世定义，那么就可能会得出不同的结论。假设人类世被定义为一个人类成为新的地质力量的时代，并且人类成为新的地质力量的时间被确定为人类早期历史的某个时间点，那么人类世的到来对人类来说可能就不是灾难性的。我们以上文提到的，把人类世开始的时间定位于11000年前的观点为例说明这一点。这一观点的提出者是陆地生态学家埃勒·艾利斯（Erle Ellis）。我们知道，他之所以把人类世开始的时间确认为11000年前，是因为他接受一般性的人类世定义，并把人类对于地球景观或生态系统的持续影响视为人类成为新的地质力量的标志。如果他的观点被接受，那么这可能意味着，人类于11000年前就已开始了对地球景观和生态系统的影响，人类当下对地球所造成的影响不过是万年前就开始的人类影响的自然延续，人类世并没有什么值得担忧之处。艾利斯进一步指出，人类世并非危机而是"一个充满着以人类为主导的机会的新的地质时代的开端"，① 我们应该欢迎人类世的到来。一些学者据此对人类世做出了一种乐观主义解读。在他们看来，人类世的到来是人类的改造和控制能力的标志，它为现代人提供了一个展现他们的聪明才智的机会。因而，人类是坏的，而非好的。

依据以上论述，我们可以对三种定义在"人类世开始于何时"和"人类世是好的还是坏的"这两个问题上的分歧做出明确的概括。在前一问题上，地层学的和地球系统科学的定义的支持者倾向于认为，人类世开始于20世纪中期；而持有一般性定义的学者们则基本上都主张，人类世始于人类历史的早期。在后一问题上，地球系统科学定义的支持者主张，人类世的来临会伴随一系列灾难性的后果，因而，人类世是坏

① HAMILTON C. The Anthropocene as Rupture [J]. *The Anthropocene Review*, 2016, 3 (2): 93 - 106.

的；而一般性定义的支持者则主张，人类世的来临标志着人类已经打破了地球对人类的限制，人类可以借此全方位地展示自己的力量，因而人类世是坏的。

当然，除了上述两个问题外，学者在人类世的概念问题上的其他争论也都可以视为三种人类世定义间存在冲突的表现。因为，现有的三种人类世定义构成了不同学科的学者们理解和使用人类世概念的三种不同的方式，三种定义间的冲突势必会导致不同学科的学者们在有关人类世的概念问题上的分歧和争议。由此可见，我们只有解决不同定义间的冲突，才可能消弭人们在人类世的概念问题上的许多争论。那么，我们该如何解决不同定义间的冲突呢？本节试图找出不同定义在上述两个问题上产生冲突的根源，并在此基础上提供一种可能的解决方案。

我们先说明不同的定义何以会在人类世开始的时间上产生争议。依据地层学的定义，要使人类世成为正式的地质年代，必须要找到并正式确认人类活动在地层中留下的、可用于与全新世相区别的特定标记，即“金钉子”。因而，人类活动带来全球影响并在地层中留下印记的时间即是人类世开始的时间。而地球系统科学则依据人类活动引发的地球整体状态的改变来理解人类世，因而人类活动在全球尺度上引发地球状态改变的时间就被视为人类世的开始时间。一般性的定义则依据人类力量的变化定义人类世。“早期人类世”假说的支持者之所以会把人类进入农耕时代或对地球生态系统产生影响时间视为人类世的开始时间是因为，在他们看来，人类力量的变化始于人类进入农耕时代或对地球生态系统的影响。① 由此可见，虽然三种定义都依据人类活动对地球的影响

① “早期人类世”假说的支持者从局部尺度上理解一般性定义中的人类力量，这并不妨碍人们从全球尺度上理解它。相反，下文正是要表明，只有从全球尺度上理解它，才有可能减少或消除不同定义间的冲突。

来定义人类世，但是它们在该如何理解开启人类世的人类影响上却存在分歧。前两种定义都主张，人类在全球尺度上对地球的影响开启了人类世，而一般性定义则认为，人类在局部尺度上对地球影响开启了人类世。因而，前者把人类活动带来全球性影响的时间作为人类世的开始时间，后者则把人类开始作用于地球景观或生态系统的时间作为人类世的开始时间。这就导致了，前者和后者给出了两种不同的关于人类世开始的时间的论断。因而，不同定义在人类世开始的时间上的争议根源于它们对开启人类世的人类影响的空间尺度做了不同的预设。

再看不同定义的持有者在好/坏人类世之争上的分歧。需要指出的是，相比上一问题，人们在这一问题上的分歧要更为复杂。原因在于，在人类世是好的或是坏的问题上，好与坏的判断，不仅要依赖科学证据，而且还涉及价值判断。这里，我们可以先撇开价值评价问题，只关注其中涉及科学事实的部分。前文已指出，人们之所以会持有坏人类世的观点是因为，他们接受的是地球系统科学的人类世定义。依据该定义，人类世的来临意味着，人类活动已经带来了全球性的影响，并且这些影响已经使地球进入了一个不可预测的、未有先例的全新状态之中。因而，人类世的来临带给人类的更多是挑战而非机遇。相反，人们之所以会得出人类世是好的这一结论是因为，他们在很大程度上接受了一般性的人类世定义，并把人类对地球景观和生态系统的影响视为人类成为新的地质力量的标志。在他们看来，在大约万年之前，人类世开始之时，作为新的地质力量的人类已经在局部尺度上作用于地球，并且这种作用一直持续到现在。这意味着，地球系统整体状态的改变也是人类力量持续作用的结果，并且人类力量对地球状态的改变正好为人类提供了一个进一步展现自己力量的机会。因而，人类世是机遇而非挑战。由此可见，同样是两种定义对开启人类世的人类影响的不同理解导致了好坏人类世之争。换言之，两种定义在好/坏人类世问题上的争议也根源于它们对开启人类世的人类影响的尺度做了不同的预设。

鉴于以上分析，我们可以尝试解决不同定义间的冲突。上文已指出，学者们在理解人类世时对开启人类世的人类活动的影响做了不同的预设，这导致了不同的人类定义间的冲突。更为具体地说，不同定义的根本分歧在于，究竟应该把开启人类世的人类影响视为局部尺度上的还是全球尺度上的。因而，只要我们在这两种尺度之间选择其一就可能可以解决这些冲突。在我看来，最好的选择是把开启人类世的人类影响视为是全球尺度上的。在下文中，我将从四个方面说明这一观点所具有的理论优势。

第一，从全球尺度上理解人类活动对地球的影响具有理论上的简单性。如果选择从全球尺度上理解开启人类世的人类影响，那么我们只要把一般性的人类世定义做出适度的修改就可以解决不同定义间的冲突。因为，前两种定义都是从全球尺度上理解人类活动对地球的影响的。如果把一般性的定义修改为，人类世是一个人类成为具有全球性影响力的地质力量的时代，那么就可以说，人类活动突破全新世地球系统的限制并在地层中留下可观测的印记的时代，同时也是人类成为新的地质力量的时代。有人可能会说，为什么不可以从局部尺度上理解人类对地球的影响呢？如果以这样的方式解决冲突，那么地层学的定义和地球系统科学的定义就需要做出调整。然而，我们知道，前两种定义都是较为严格的定义，都有比较充分的科学证据支撑，而第三种定义则是一种较为宽泛的定义。因而，相比于其他两种定义，对第三种定义进行修正所需做的理论工作要少得多。不过，人们可能还会说，一般性的定义是一种宽泛的定义，调整后的定义会和前两种定义变得一样狭窄。应该说，虽然修改后的定义对原定义中的地质力量做了更明确的限定，但是它仍旧是一种较为宽泛的定义。因为，修改后的定义只是对人类力量的变化做了更为精准的一般性描述，它同样不需要受到地层学或地球系统科学的证据的约束。如此一来，更为精准的一般性定义就可能把人类世开始的时间同样定位于20世纪中期，不同的定义在人类世开始时间上的分歧将不复存在。当然，修正后的定义也可以在某种程度上平息好/坏人类世间的争论。对于这一点，我们在下文中另做论述。

第二，从全球尺度上理解人类活动对地球的影响更能得到科学证据的支持。事实上，有很多学者认为，人类世可能是一个漫长的过程，在这个过程中，人类对地球的局部影响会发展为全球性影响，因而人类在两种不同尺度上对地球的影响完全可能代表的是同一个过程的两个不同阶段。比如，克鲁岑等人提出的人类世的两阶段假说就认为，人类世包括两个阶段：始于工业革命的第一阶段和20世纪中期开始的“大加速”（the great acceleration）阶段。① 不过，二阶段假说并未为科学界所接受，因为支持这一假说的大部分学者最终认为20世纪中期才是人类世的开端。② 而人类世开始于工业革命或农耕时代的观点之所以不被接受的主要原因是，有证据表明，农耕时代人类对于地球的影响在地层中无法找到可识别的印记，并且人类对于地球景观或生态系统的影响根本不足以改变地球的状态，直到20世纪中期以前人类所带来的影响（主要是大气中的$CO_2$浓度）仍在地球的“自然变率”（natural variability）之内。③ 相反，大多数科学家支持人类世开始于20世纪中期是因为，

① STEFFEN W, et al. The Anthropocene: Are Humans Now Overwhelming the Great Forces of Nature [J]. *AMBIO: A Journal of the Human Environment*, 2007, 36 (8): 614-621.

② ANGUS I. *Facing the Anthropocene* [M]. New York: Monthly Review Press, 2016: 57.

③ ZALASIEWICZ J, et al. Colonization of the Americas, “Little Ice Age” Climate, and Bomb-Produced Carbon: Their Role in Defining the Anthropocene [J]. *The Anthropocene Review*, 2015 (2): 117 - 127.

现有的地层证据和地球系统科学证据表明，人类的影响也只有到了这个时期才超出了地球的自然变率，并在地层中留下了可观测的证据。同时，也可以说，只有在这个时候，人类才成为具有全球影响力的新的地质力量。

第三，从全球尺度上理解人类活动对地球的影响更有利于显示人类世概念的理论价值。如果把开启人类世的人类影响理解为人类对地球局部环境的作用，那么人类世可能被认为开始于农耕时代或万年前。这意味着，自万年前至今，人类对地球的影响从局部一直扩展到全球范围，人类世概念不过是提供了“一种新的、更加生动的方式表达一种已经存在的观点，即，人类活动导致的全球环境变化”。① 因此，人类世概念并没有什么独特的内涵。这显然违背了这一概念的提出者在提出它时的初衷。克鲁岑等人最初提出这一概念时是想表明，人类活动已经在全球尺度上对地球的面貌和功能产生了剧烈的影响，与全新世相比，人类与地球的关系已经发生了根本性的变化。因而，只有从全球尺度上理解人类对地球的影响，才能彰显人类世概念的独特内涵。相反，如果仅把人类世概念视为全球环境变化的别名，那么这一概念的理论价值将会大打折扣。进而，这一概念何以会在科学领域内外产生那么大的反响也就变得难以解释了。

第四，从全球尺度上理解人类活动对地球的影响更有利于显示人类世概念的现实价值。如果从全球尺度上理解开启人类世的人类的影响，那么这一理解将在很大程度上支持坏人类世的观点。当然，这并不是说人类世不能被理解为某种机遇，或者不可以对其做出乐观主义的解读。不过，相比于乐观主义解读，我们对人类世的灾变论理解可能会有这样

---

① CASTREE N. The Anthropocene and Geography I：the Back Story［J］. *Geography Compass*, 2014（8）：436 - 449.

几个现实价值：（1）它会使我们避免陷入对全球环境状况和人类命运的盲目乐观；（2）它有利于对人类活动所带来的不可预测的后果做出警示；（3）它能使我们更为深刻地理解人类世所带来的严峻挑战；（4）它有利于增强人类的危机意识，进而及时地纠正可能为地球带来负面影响的人类行为。

虽然我们为不同的人类世定义间的冲突提出了一种可能的解决方案，但是我们的方案远非定论性的。值得一提的是，除了本书多次提及的地层学、地球系统科学、生态学等自然学科外，社会学、历史学和哲学等人文社会学科也直接或间接地参与了人类世定义的讨论或受到这些讨论的影响。然而，不论是自然科学还是人文社会科学对于人类世的讨论都处于起步阶段，学者们在“人类世开始于何时”和“人类世是好的还是坏的”等问题上的争论更是方兴未艾。可以合理地设想的是，随着对人类世的研究的不断深入，可能会有新的证据被发现或新的理论被提出，进而我们的结论也可能会被强化或修正。因此，我们并不抱有一劳永逸地解决有关人类世定义的争论的雄心。本书只是试图表明，人类世是因人类活动对地球的影响而开启的一个新的地质时代，只有从全球尺度上理解开启人类世的人类影响才能解决不同的人类世定义之间的冲突，也才能为理解人类世中人与地球关系的深刻变化提供一个较为融贯的理论框架。

## 第三节　人类世与人类的形象

撇开有关人类世的具体争论不谈，单就人类世概念的提出以及其所引发的激烈争论这些基本情况而言，虽然我们还不能确定无疑地断言地球已经进入新的地质时代，但是人类已经对地球产生了大规模的、全方位并且是决定性的影响这一点应该不存在太多的争议。这些影响主要表现为，人口的激增和城市的扩展大面积地压缩了非人类生物的生存空间，二氧化碳温室气体的排放导致全球气温升高、海平面上升，农药和人类大量使用化学药剂已经渗透到生物圈中的食物链中，人类对自然的开发和掠夺导致物种灭绝的速度越来越快等。这些影响不仅是持久的而且是深远的。这些影响表明，地球当前的发展阶段在某种程度上已经开始区别于地球的上一个地质年代——全新世，人类活动可能开启了一个全新的地质年代。人类世概念的提出和争论表明，人类已经意识到自身对于地球所产生的巨大影响，这个影响足以用一个新的地质时代进行标记。这个新的地质时代的到来确定无疑地改变了地球上各个圈层的运行轨迹。如果说人类世来临之前的地质变化是地质演化的自然结果，那么在人类世来临之后，人类将参与到地球的地质演化过程，甚至开始主导这个过程。

如果人类主导地球的世代已经来临，那么在这个阶段来临的过程中人类与自然的关系究竟发生了什么样的变化？进一步来说，人类进入人类世之后与自然之间又处于一种什么样的关系之中呢？可以说，在进入人类世前后，人类对地球的影响或者人类与自然的关系一定存在着重要的差别。这些差别自然也就会导致人类在自然中的形象的差异。人类在自然中的形象究竟发生了什么样的变化，应该是我们首先要解决的问题。只有这个问题得到了解决，我们才能获得一种人类在自然中的完整形象，从而才能为人类应该如何处理好自身与自然之间的关系这样的实践问题提供有价值的理论指导。

如果以人类世为界限（不管人类世是始于人类开始从事农业活动

还是工业革命），[①] 那么在人类世开始之前的阶段，人类在自然中也只是一种普通的物种，人类与其他物种一样仍然是自然中的一部分。这个时期的自然不同于我们现在所讨论的自然。如果说现代人所谈论的自然是一种人类影响无处不在的人化自然，那么人类世开始之前的自然则完全是一种处于“蛮荒”状态的自然。在这种自然状态之中，人类只是其中的一个普通的特种，人类和其他物种一样占据着特定的生态位，面临着同样的生存压力，都遵循着优胜劣汰、适者生存的丛林法则。我们通常用“茹毛饮血”来形容这个时期的人类的生存状况。从人类活动的空间来看，由于地理环境的限制，人类种群的活动被限定在特定区域之内。从人类自身的生存状况而言，人类和其他物种一样都是食物链中的一环，通过生物圈中的物质循环和能量流动来获得自身生存的物质和能量，自然的法则就是人类的生存法则，人类完全不具备现代人所具有的影响自然环境的能力，人类活动对自然环境的影响和干扰也微乎其微。因而，自然中也不存在生态危机问题，人类与自然尚处于彼此共存的状态之中。总之，在这个时期，人类在自然中的形象和其他物种在自然中的形象一样都不过是自然生态系统中的一种普通的物种。

而在人类社会进入人类世之后，人类与自然之间的关系发生了根本性的变化。人类在自身演化的过程中逐渐展现出了其他任何物种都无法比拟的能力和力量。虽然人类仍像之前一样占据特定的生态位，但是由于自身所具有的能力和力量而开始突破原有的生态位对自身的限制。自

---

① 人类世始于农业时代与始于工业革命这两种观点可能并不矛盾，人类社会进入人类世是一个漫长的过程，这个过程的完整内容可能是这样的：农业文明的产生标志着人类对生物圈大规模地作用的开始，而工业革命的来临，则是人类给生物圈带来剧烈影响的开始，同时这种剧烈影响所带来的显著后果也开始显现出来。但是，不管人类世开始于何时，人类世都是对人类开始大规模地对生物圈产生影响并且以前所未有的力量参与到生物圈的演化历程中的那个世代的标示。

然的“荒野”状态已经不复存在，它已经完全成为一个被人类全方位地开发和利用的人化自然。对此，有学者指出：

我们今天已经很难找到一个至今还未被人类的活动所区隔的连续的荒野自然区域了。因为，它们早已被打上了人为的标记，不仅如此，荒野自然已经成为人类的生产和生活区了。①

而从人类所居住的空间来看，人类也已经打破了地理环境对自身的限制。如果说在前一个阶段地理限制的存在使人类种群分布于不同的地理区域之内，那么在这个阶段居住于不同区域的种群由于地理限制被打破而彼此联系在了一起。随着人类社会的不断扩张，自然中的非人类生物物种的生存空间被大面积压缩。人类开始逐渐从自然中脱离出来，从自然中的一个普通物种转变为一个与自然中的所有非人类存在物相对应的物种。同时，人类的大规模扩张对自然所带来的不良影响也开始显现，比如空气污染、水土流失、森林植被破坏、地球资源枯竭和物种灭绝速率加快等，这就产生了我们今天所说的生态危机。由此，人类与自然之间的关系开始恶化，人类对自然的掠夺和利用可能会最终导致整个自然生态系统的崩溃。可以说，人类在自身的演化的过程中所发展出的力量在迅速改变人类社会的同时也在迅速地改变整个地球的面貌。总之，进入人类世之后的人类已经不再是自然中的普通一员，人类挣脱了自然的限制开始把命运掌握在自己的手中，同时人类也开始掌握整个生物圈的命运，成为整个地球生态系统的主宰者和支配者。

我们在前文的论述中基本描绘出了人类在自然中的形象的转变，接

① 郑慧子．走向自然的伦理［M］．北京：人民出版社，2006：141.

下来的问题是，如果说进入人类世之前的人类与自然之间尚存在着相互联系、彼此共存的状态，那么进入人类世之后的人类与自然之间是否仍然存在上述关系呢？下面，我们尝试在人类世背景下通过对人类与自然之间关系的分析来回答这个问题。

从人类的角度来说，人类对自然的依赖性关系，不论是人类在进入人类世之前还是之后都是存在的。这是由人类作为一种特定的物种自身的本性所决定的。人类作为生态系统中占据一个特定生态位的物种，需要从自然中获得自身生存和发展所需要的物质和能量这一事实，是人类不论有着如何强大的力量也无法改变的。即使人类具有了掌控整个自然的能力，也无法挣脱对自然的依赖关系，在这一点上，我们和其他的物种并不存在本质上的差异。如果说在人类进入人类世前后有什么区别的话，那么主要是在这之前人类受制于自然的限制，在自身所据的生态位中只能获得有限的物质和能量，而在这之后人类开始突破自然的限制，获得了任何物种都无法比拟的获取物质和能量的能力，从而使自身所据的生态位得到了无限制的扩张。

从自然的角度来说，自然对于人类的依赖关系，在人类进入人类世前后发生了根本性的变化。在进入人类世前，自然对于人类的依赖是通过与人类处于同一食物链（网）中的其他生物物种对于人类的依赖表现出来。人类在食物链（网）只是一个普通的物种，其他物种对于人类的依赖和其他非人类生物物种之间的依赖关系是相同的。其他物种对于人类并不存在更强的依赖性，甚至可以说，由于人类处于食物链的顶端，人类对与其处于同一食物链（网）中的其他生物物种的依赖程度要远远大于其他生物物种对于人类的依赖程度。人类处于食物链顶端，如果与人类处于同一食物链（网）中的其他生物不复存在，那么人类也将无法生存；相反，即使是在荒野状态下也仅有为数不多的大型食肉类动物，比如狮子、老虎和猎豹等可以算作我们的天敌，并且这些大型食肉类动物在食物链中的主要捕食的对象也不是人类，因而即使人类不复存在，也不会对其他生物物种的生存造成太大的影响。然而，在人类进入人类世之后，自然对人类的依赖关系则完全不同于上一个阶段。在这一阶段，由于人类社会的不断扩张，自然中几乎不存在人类未曾涉足的区域。人类俨然成了地球的主宰者和管理者，我们在观念上也习惯了人类在自然中的优势地位。我们以主人对待奴隶的方式无节制地从自然中获得自身生存和繁衍所需要的物质和能量。然而，这种方式在推动人类社会不断进步的同时，也带来了严重的生态危机。如果生态危机不加以控制，那么自然系统将会崩溃并最终走向毁灭。由此，自然对人类的依赖关系就显现出来了。这时，自然对于人类的依赖不再是食物链（网）中的某一个或几个物种对于人类的依赖，而是作为人类对应物的整个自然生态系统对于人类的依赖。这种依赖性的实质是，自然系统是否会崩溃并最终走向灭亡完全掌握在人类的手中，自然系统能否正常运行依赖于人类是否愿意改变自身对待自然的态度和方式。如果人类改变现有的对待自然的态度和方式，那么自然生态系统将可能避免走向崩溃的命运；如果人类以一如既往的态度和方式对待自然，那么自然生态系统将难逃走向毁灭的命运。由于人类本身对于自然的依赖性，如果自然生态系统走向毁灭，那么人类也将不可避免地走向毁灭。也就是说，对于已经进入人类世的人类而言，不论是自然生态系统还是我们自身的命运都掌握在我们自己的手中。人类和自然是将重新走向繁荣还是最终走向毁灭，完全依赖于人类自身的抉择。

那么，我们从人类与自然关系所发生的转变中可以得到什么样的启示呢？或许，我们可以从这个转变中一窥生态危机的根源，进一步来说，我们可以从中找到一些指导人类解决生态危机的基本指导原则。我们从上文的分析中发现，在表面上，生态危机源于人类对于自然无节制的开发和利用，而更为深层的原因则是人类身上的原始动物天性。我们已经说过，人类在进入人类世之前只是自然生态系统中的一种普通物种，和其他物种一样也需要从自然中获得自身生存所需要的物质和能量。只是在此时，由于人类完全受制于自然法则因而获得物质和能量的能力十分有限。而进入人类世之后，人类开始拥有其他物种所无法比拟的获取物质和能量的能力，人类开始突破自然的限制，肆意地运用自身在演化过程中所获得的力量。在此时，人类对待自然的方式与之前并无本质差异，不同的是人类获得了无限制地从自然中获得物质和能量的能力。我们可以想象，任何一个物种一旦像人类一样拥有如此强大的力量都可能会采取这样的行为。在这一点上，人类和其他物种一样显示出来的都是在生存竞争中获得自身生存的动物天性，只不过这种动物天性在人类获得了无与伦比的能力之后被无限放大了。由此造成的就是我们今天所面临的严峻的环境状况。因而，可以说生态危机的根源是人类的原始动物天性。当然，除了具有与其他物种一样按照自然的生存法则求得自身的生存的动物天性之外，人类还是有理性的动物，我们可以考虑到自身行为的后果，并采取有目的的行动，这一点是人类与其他物种最为重要的区别。人类自身已经意识到自身行为所带来的严重后果，人类必须反思并改正自身的行为才可能改变把自然最终也把人类自身带入灭亡的境地的命运。

实际上，人类反思并纠正自身行为的尝试就是试图解决人类目前所面临的生态危机，重回人类与自然彼此共存的状态。不过，要想重回人类与自然彼此共存的状态，那么我们是要回到人类世之前在“蛮荒”状态下的人与自然彼此共存的局面，还是要主动、自觉地创造一种彼此共存的新局面呢？我们相信，在我们对人类进入人类世前后在自然中的形象有了明确的定位之后，也就能够基本地确定人类在解决生态危机时所应坚持的一些基本的原则。这些原则的合理性正是来源于我们对人类的形象所做的描述。依据这些原则，要真正地解决生态危机，首先我们要对人类自身的行为进行限制，因为生态危机是人类无节制地消费和利用自然的直接结果，对自身行为的限制真正体现了人类作为理性动物的与众不同之处；其次，我们又不能对人类行为做出过分的限制，尤其不应该接受有些浪漫主义者所提出的人类应该重回“蛮荒”时代的主张，因为，人类已经获得了空前强大的能力和力量，让人类重回“蛮荒”是既不合理又不现实的。一种合理的做法是，接受人类已经具有空前强大的力量的同时，把人类运用自身力量的行为限制在合理的范围内而不是贬抑或消除人类的力量。不过，在解决生态危机的过程中，我们应该基于自身形象的变化对人类与自然的关系重新做出定位。从生态学的角度来说，人类与自然同处于生物圈之中，人类应该对整个生物圈的稳定和良性运行负有更多的责任，毕竟整个生物圈能否能够良性运行的最终决定权掌握在人类手中。

总之，从我们对人类进入人类世前后的状况所做的分析来看，人类社会的面貌发生了巨大的变化，然而人类的天性似乎并未发生太多的变化。这种情况很容易就可以获得解释，从更新世人类的出现一直到人类进入人类世之前，人类的演化历经数百万年，人类和其他物种一样依靠自身的动物天性而获得生存和繁衍，也正是人类自身所具有的动物天性使人类自身可以适应自然的生存法则从而在与其他物种的竞争中获得生存和发展。然而，在进入人类世之后，人类在短短的时间内获得了无与伦比的强大力量从而使整个人类社会得到迅速的发展，而人类的天性在这短短的时间内却没有也不可能发生太大的改变。① 可以说，虽然人类在生存环境上已经进入了一个全新的时代，但是人类在心理和性情上还保留着在数百万年前形成的原始动物天性。② 同时，由于人类自身所创造的强大文化，人类的原始动物天性又在人类的文化观念中得到不断的强化。这种文化观念的核心内容就是认为人类是自然的主宰者和统治者，生物圈中的其他非人类存在物是人类征服和利用的对象。这种观念反过来又强化了人类的原始动物天性以及随之而来的实践和行动。可以说，人类要想真正地摆脱目前的生态危机，关键之处就是要抑制自身原始的动物天性，而抑制自身天性的首要之处则在于抑制自己的观念和行为。只有做到这一点，我们才能真正形成一种人类与自然彼此共存的观念以及由此观念所引发的实践和行动。那么，紧接下来的问题是，人类与自然彼此共存的观念究竟应该具有什么样的内容呢？这将是我们在下一节中要解决的问题。

## 第四节　人类的形象与人类中心主义

我们在前文中已经指出，在面对生态危机时，学者们，不论是自然科学家、社会科学家还是哲学家都尝试为生态危机的根源问题提供某种

① ［英］戴梦德·莫里斯．裸猿［M］．刘文荣，译．上海：文汇出版社，2003：1.

② 进化心理学家们认为人类大脑的心理机制是适应石器时代的狩猎、采集环境的产物，从狩猎、采集时代到现代社会的转变所经历的时间与人类心理机制的形成相比是极为短暂的，这就导致当下人类的生存环境已经迥异于石器时代，而人类的心理机制则仍停留在石器时代的状态，因而，他们把人类的大脑戏谑地称为“石器时代的大脑”（stone-age mind）。JAMES S M. *An Introduction to Evolutionary Ethics*［M］. New York：Wiley-Blackwell，2011：22.

答案。起初这些学者们所提供的答案主要集中于如，人口的膨胀、工业化的发展、科学技术的滥用以及环境资源的过度消耗等这些非常具体的方面。在上文中，我们通过对人类世的哲学含义的分析发现，生态危机的真正根源是人类在自身的演化过程中获得了无与伦比的力量，同时人类自身还保留着原始的动物天性。从这个基本结论出发，我们会发现学者们所提出的一些具体的生态危机的根源在实质上不过是人类原始的动物天性的外在表现而非真正的根源。因而，这也就解释了何以学者们在生态危机的根源问题上众说纷纭，始终难以达成一致。应该说，生态危机的产生是人类动物式地对待自然的一种必然结果，而这种必然结果有可能表现为突破自然限制的种群过度繁殖导致的人口膨胀，也可能表现为无限地掠夺自然所带来的工业化的疾速发展，也有可能表现为所有的方面，甚至可能表现为比我们所列举的更多的方面。

然而，如果说一些学者所列举的具体的生态危机的原因只是生态危机真正根源的外在表现，那么另外一些学者尝试从观念的层面上分析生态危机的根源是否也只是提供了生态危机根源的另外一种外在表现呢？后一类学者认为，相比于前一类原因，观念层面上的探讨可以挖掘出生态危机的更深层次的根源。从观念上探索生态危机根源的尝试主要涉及的是环境哲学中的“人类中心主义”和“非人类中心主义”之争。在接下来的内容中，我们首先会讨论一下“人类中心主义”被提出的背景及其所引起的争论，其中主要会论及学者们所提出的各种“非人类中心主义”观点，比如“动物权利论”“生物中心主义”“生态中心主义”等；其次，想要讨论的是，如果作为观念层面的“人类中心主义”也只是一种生态危机的具体表现，那么这种讨论是否能够为生态危机问题的解决带来实质性的作用；最后，我们想探讨一下，如果关于“人类中心主义”和“非人类中心主义”的讨论可以为生态危机问题的解决带来实质性的作用，那么我们应该持有一种什么样的观念才能真正地有利于人类与自然和谐共存新局面的形成。

最早明确地把生态危机的根源定位于人类中心主义观念的当属美国历史学家怀特。我们在上文已经提及，在他看来，西方文化中的基督教是一种最为人类中心主义的宗教，因而基督教应该为西方社会中生态危机负责。实际上，怀特最终把西方社会中的生态危机的根源归因于人类中心主义的文化观念。这种观点在西方思想界引起了轩然大波。由此也引发了环境哲学中的人类中心主义与非人类中心主义之争。这场争论的关键是非人类存在物是否具有“内在价值”，更进一步的问题是，哪些非人类存在物才能拥有道德主体的身份。人类中心主义认为人类是唯一具有内在价值的存在物，而非人类中心主义则尝试把道德关怀的对象向人类之外的存在物进行扩展。道德扩展的对象也从高等动物到整个生命世界最终到整个生态系统。与之相应，非人类中心主义观点则从动物权利论发展到生物中心主义最后到生态中心主义。从某种程度上来说，这些理论的提出奠定了环境哲学研究的基本内容。然而，这些观点自身也面临着许多的非议，一部分学者就认为这些非人类中主义观点太过极端，还有学者认为这些观点呈现出明显的反人类、反文明的倾向，它们在内在逻辑上会由初始的反人类中心主义走向最终的反人类。为了应对非人类中心主义观点存在的问题，学者们提出了所谓的弱的人类中心主义观点。这种观点可以视为传统的人类中心主义与非人类中心主义观点之间的某种调和。弱的人类中心主义的提出不仅没有减少学者之间的争论，反而使原本已经争论不休的局面变得更加纷繁复杂。如果要解决这些争论，那么我们就需要在这些观点之间做出比较和选择。可问题是，什么样的观点才是一种合理的、更具可接受性的观点呢？在我们看来，只有与人类自身的形象相符合的观点才是一种最应该为我们所接受的观点。因为，这些观点以我们对人类自身的现实形象为依据，并且只有以此为依据我们才不会陷入为了人类自身的利益而牺牲环境或者为了保护环境而罔顾人类的利益这样的两难困境之中。下面，我们尝试以前文对人类自身的形象所做的论断为基础对环境哲学中的人类中心主义和非人类中心主义做出评价，并从中选择一种与人类自身的形象最为符合的观点。

首先，我们有必要对人类中心主义观点做一些简要的说明。虽然存在着不同类型的人类中心主义，比如，宇宙论的人类中心主义、目的论的人类中心主义、认识论的人类中心主义、生物学的人类中心主义和价值论的人类中心主义等，但是在当代环境哲学中，学者们之间的争论焦点主要集中于价值论的人类中心主义。它的大致观点是，人类是唯一具有内在价值的存在物，自然中的事物不具有内在价值，它们因可以满足人类的需要而具有工具价值。可以说，这种观点是人类进入人类世之后人类自身的形象在观念层面上的反映。客观地说，这种观念具有某种程度上的历史合理性。人类和我们现在地球上所见的其他物种一样，都是经历漫长而且残酷的生存斗争而一直生息繁衍至今，人类当下所具有的力量也是在这样的生存斗争中获得的。人类依靠着自身演化过程中所获得的力量不仅适应了自然而且使自身最终成为整个生物圈的主宰者和控制者。人类中心主义观念正是人类自身在生物圈中的地位在观念形态上的直接反映。同时，人类持有的这种观念可以反过来进一步强化人类自身力量的发挥并且可以为人类对待自然的方式和行为提供合理性辩护。可以说，人类中心主义观念在某种程度上促进了人类自身的生存和繁衍。但是，人类中心主义观念的局限性也是十分明显的。人类中心主义片面地强调或放大人类在自然中的形象，不断地推动和强化人类对自然的掠夺和占有的观念。人类原始的动物天性在此观念推动下被更加肆无忌惮地发挥出来，从而导致了对地球生态系统的全方位的干扰和破坏。如果说在人类自身演化的某个阶段中人类中心主义对人类自身的生存和发展起到了推动的作用，那么现在人类中心主义观点则在很大程度上助长了人类对自然的掠夺和开发。因而，如果要想改变目前的环境状况，我们必须拒斥人类中心主义而代之以一种更加全面、合理的观念。

非人类中心主义可以说是对人类中心主义的纠正和反叛。非人类中心主义尝试扩展人类道德关怀的对象，把内在价值赋予人类之外的存在物，从而抑制人类中心主义。按照道德扩展的逻辑，依次出现的非人类中心主义理论是，“动物权利论”“生命中心主义”和“生态中心主义”，它们分别把道德关怀的对象扩展到高等动物、所有生命、整个生物圈。这些非人类中心主义的理论进行道德扩展的一个直接动因是对人类中心主义做出限制和纠正。然而，这些非人类中心主义对人类的过度限制才使得它们在内在逻辑上从初始的反人类中心主义走向了最终的反人类。这些非人类中心主义理论所显示出的激进色彩奠定了早期环境哲学发展的基调，因而这些理论也被称为“激进生态学”（radical ecology）。①

那么，这些理论的具体观点是什么呢？它们究竟存在着什么样的问题呢？我们先对第一个问题做出解答。最早尝试把道德关怀的对象扩展向自然中的非人类存在物的代表人物是彼得·辛格（Perter Singer）和汤姆·雷根（Tom Regan）。他们的代表性理论就是“动物权利论”。他们都尝试以传统的规范伦理学理论（前者依赖功利主义伦理学；后者依赖道义论伦理学）为基础为论证人类与自然之间的伦理关系提供理

---

① MERCHANT C. *Radical Ecology: The Search for a Livable World* [M]. London: Routledge, 2005.

论框架。依据他们的论证，只有具有复杂神经系统，能够感知苦乐的高等动物才享有道德身份。而阿尔贝特·施韦泽（Albert Schweitzer）和保罗·泰勒（Paul Taylor）所提出的“生命中心主义”则认为，“动物权利论”仅把内在价值赋予高等动物的观点太过狭隘了，而且存在着道德等级制的嫌疑。他们认为应该把所有的生命都纳入道德关怀的对象之中。作为生态中心主义的代表性观点的深生态学则认为自然中的生命和环境是一个有机的整体，仅仅把生命纳入道德关怀的对象之中是不够的，而是应该把由生命和环境所构成的整个生态系统都纳入其中。可以说，在生态中心主义观点中，道德扩展已经走向了它的逻辑终点。

上述非人类中心主义理论存在的最大问题是对人类行为的过度限制。这些理论提出的最初动因是赋予自然事物内在价值从而在某种程度上限制人类对自然无限制的开发和利用。不过，它们在理论上对人类行为所做的限制从限制人类过度地利用自然最终发展成为保护自然而对人类做出了过度的限制。这种对人类的过度限制在“动物权利论”中表现为，把人类对高等动物的一切伤害，比如，把动物用于科学研究和商业性的饲养，都视为是不道德的；而在生命中心主义者看来，人类对任何生物的伤害都是不道德的；到了生态中心主义那里，这种限制则被发展到极端，按照深生态学所提出的“生物圈平等主义”观点，自然中的非人类存在物与人类是平等的，人类对它们的任何伤害都被视为不道德的。在这些理论中，人类在自然中的地位不断下降，最后人类的地位被降低为只是生物圈中的普通一员。显然，这些理论对人类在自然中的地位的判定与人类自身的实际形象是完全不相符的，这一点直接暴露了这些理论自身存在的严重问题。这些理论尝试通过限制人类的行为而重现人类与自然之间的和谐共存的局面。然而，按照它们的理论逻辑，这种和谐共存局面的出现是以人类重新回到人类世之前的“蛮荒”状态为代价的。由此，我们可以明确地看到这些理论所显露出的浪漫主义的气息。这种浪漫主义气息使得这些激进生态学都带来明显的反科学技术和反文明的色彩。在这些理论的内在逻辑中，为了重新回到人与自然和谐共存的局面，即使牺牲掉人类已经取得的文明和进步也在所不惜。由此，我们可以看到，在人类如何对待自然的问题上，这些理论已经从人类中心主义的这一极端滑向了反人类的另一个极端。

弱的人类中心主义的出现算是对非人类中心主义激进观点的一种拨乱反正。弱的人类中心主义也被称为现代人类中心主义，以区别于传统的强的人类中心主义，它可以视为人类中心主义与非人类中心主义之间的一种中间策略。因而，弱的人类中心主义也是与人类中心主义和非人类中心主义相比更为温和的一种立场。在其基本内涵中，它仍然是一种人类中心主义，同样认为人类是生物圈中唯一具有内在价值的存在物，在这一点上它和强的人类中心主义一脉相承。然而，与强的人类中心主义的最大不同之处是，它主张人类对待自然的行为应该受到合理的限制，这似乎与非人类中心主义有着相同的理论旨趣。不过，与非人类中心主义不同的是它仍然强调人类适度开发和利用自然的合理性，而不是把人类降为自然中的普通一员，让人类重回“蛮荒”时代。在弱的人类中心主义被提出之后，人类似乎看到了调和并冲淡非人类中心主义的激进色彩的希望。它的理论吸引力更多地体现在，承认科学技术的价值以及人类在此基础上所取得的文明和进步，同时强调对人类无节制的行为做出限制从而最终重现人类与自然和谐共存的局面。由此，弱的人类中心主义所最终传达出的理论诉求是反对人类中心主义，对人类无节制地干扰和破坏自然的行为做出合理限制，同时这种限制的实现并不需要诉诸赋予非人类存在物以内在价值这样的方式，因而又不会对人类的行为做出过度的限制。

然而，弱的人类中心主义看似较弱的理论诉求，并不能得到非人类中心主义者的真正认可。在非人类中心主义者看来，传统上所确定的生态危机的根源，比如科学技术的滥用、人口的极度膨胀以及自然资源的消耗和浪费等，以及尝试通过解决这些问题来解决生态危机的策略在根本上都是人类中心主义的，这些治标不治本的策略在根本上无助于生态危机的真正解决。比如，作为生态中心主义代表人物之一的奈斯所提出的深生态学就通过对深生态学和浅生态学所做的区分指出，深生态学是非人类中心主义的，而浅生态学是人类中心主义的。在他看来，深生态学和浅生态学都尝试运用生态学去解决人类所面临的生态危机问题，不过，前者所代表的弱的人类中心主义或许能缓解但不能根治生态危机的状况，因为它们并未找到生态危机的真正根源；只有后者所代表的非人类中心主义才能从根本上解决生态危机问题，因为人类在观念层面上存在的问题为生态危机的产生提供了更为深层的原因。

不过，按照我们上文的分析，似乎从观念层面得出的生态危机的原因并不比那些具体的原因更为深刻。因为，前文已经指出，生态危机源自人类受自身原始动物天性的驱使而无所顾忌地开发和利用自然，人类中心主义观念是人类原始的动物天性在观念层面上的表现以及人类自身对自我天性的有意识强化，其他的具体原因也可以说是人类原始的动物天性的具体体现。包括人类中心主义在内的生态危机产生的具体原因都不能视为根源的理由在于，这些原因不是在人类的所有亚文化中都存在着的，或者说它们不是在所有人类社会中都普遍存在的。还以人类中心主义观念为例，如果人类中心主义观念是生态危机的真正根源，那么任何一个存在生态危机问题的亚文化中的人们都应该会持有人类中心主义的观念。然而，我们会发现，在人类的所有亚文化中都存在着严重程度不同的生态危机问题，可是并不是所有的亚文化中的人们都持有人类中心主义的观念。比如，怀特在论及生态危机产生的根源时认为以禅宗佛教为主要信仰的东方文化中在人与自然的关系上就不存在人类中心主义的观念。[①] 有学者指出，我国不论是在古代还是现代都存在着不同程度的生态危机，但是我们的文化中并没有人类中心主义的观念，因而，可以说人类中心主义的文化观念与生态危机之间并不存在必然联系。[②] 人类中心主义只是人类原始的动物天性在观念上的直接表现，至于这种观念是否会在某种文化中表现出来，这在很大程度上依赖这种文化自身的发展状况和该文化的自觉程度。这也就是说，人类中心主义和科学技术的滥用、人口膨胀等一样都不是生态危机的真正根源。

如果人类中心主义的观念和其他的生态危机产生的具体原因一样都不是生态危机的真正根源，那么，我们还有重谈人类中心主义的必要吗？它与上述具体的原因在深刻程度上真的没有差异吗？在我们看来，虽然观念层面上的人类中心主义并非生态危机的真正原因，但是观念层面上的人类中心主义比生态危机的具体原因有着更强的深刻性。我们知道，人类原始的动物天性导致了人类对自然无节制的开发和利用行为，而同时人类的这种天性在某些文化中形成了人类中心主义的观念而在其他文化中则没有形成。人类中心主义观念在特定的亚文化中形成，它为该文化中的人类行为提供合理性辩护的同时也强化了该文化中的人类的行为。从这个意义上说，人类的观念在某种程度上可以推动或强化人类的行为，同时它也可以抑制人类的行为。由此，学者们注重观念层面上的讨论，并且尝试首先实现观念层面的变革以便根除生态危机的努力就不再显得那么怪异了。可以说，虽然不是所有亚文化中的人们都持有人

---

① WHITE L. The Historical Roots of Our Ecologic Crisis [J]. *Science*, 1967, 155 (3767): 1206.

② 郑慧子. 走向自然的伦理 [M]. 北京：人民出版社，2006：207.

类中心主义的观念，但是非人类中心主义思想的提出和传播至少在某种程度上可以对人类的行为产生抑制作用。这样，学者们不断宣扬非人类中心主义观念的哲学含义便凸显出来了，人类社会中的观念系统在某种程度上主导和支配着人类群体的行为，只有首先改变人类自身在人与自然关系上的传统观念，才能最终在具体的人类行为上做出真正的改变。

那么，我们应该持有一种什么样的观念才能真正有助于实施对人类行为的限制并最终实现人与自然和谐共存的新局面呢？或者说，究竟强的人类中心主义、弱的人类中心主义以及非人类中心主义哪一个才是能够真正实现既保护自然又不对人类做出过度限制的观念呢？又或者它们都不令人满意，我们应该提出一种与它们都不同的新观念呢？

在我们看来，只有弱的人类中心主义才是能够真正满足上述要求的一种观念。因为，只有它与我们所描述的人类的形象相符合。我们尝试从人类形象的双重特性来说明这一点。人类形象的第一重特性，也是人类与生物圈中的其他物种的不同之处，即人类在自身的演化过程中获得了任何其他物种都不可比拟的能力和力量。这种力量使我们逐渐摆脱自然对我们的原有限制，人类依凭自身所具有的力量对自然进行了无节制的开发和利用。这种不计后果的行为，所带来的恶果就是人类社会中普遍存在的生态危机。生态危机的产生不仅威胁到整个自然生态系统的安危，而且也威胁到了人类自身的安危。由此，作为具有完全理性的人类对自身的行为做出限制不仅能够恢复自然生态系统的良性运行而且也符合人类本身的利益。也就是说，从目前的人与自然之间的关系来看，对人类自身的行为做出限制是很有必要的，甚至可以说对于人类和自然的未来命运都是至关重要的。正是在这一点上，弱的人类中心主义与强的人类中心主义产生了区别。不过，非人类中心主义者可能会说，对人类行为进行限制也包括在他们的主张之中，这并不是弱的人类中心主义的独特之处。

人类形象所显示出的第二重特性可以让我们在弱的人类中心主义与非人类中心主义之间做出选择。人类形象的第二重特性是，虽然人类具有极其强大的力量，但是人类也有自身的生存和发展问题，也要从自然中获得自身生存和繁衍所需的物质和能量，在这一点上人类和其他的物种并无本质的差异。不过，这也是经常被学者们忽视的一点。学者们在论及人与自然的关系时往往只看到了人类具有强大的能力和力量的一面，却忽视了人类也是普通的一种物种的一面。这导致了人们把生态危机的根源归咎于人类无节制的行为而忽视了这些无节制的中也包含了人类获得自己合理需求的部分。同样，也是因为仅仅强调人类所带来的危害而忽视人类自身的合理需求，非人类中心主义在限制人类无节制的行为的同时对人类为了自身的合理需求而开发和利用自然的行为也进行了限制。由此，非人类中心主义的激进性也就显现出来了，这种激进性在理论上的表现就是非人类中心主义由反人类中心主义走向了反人类。这一点正是非人类中心主义之所以受人非议的根本原因。与之不同的是，弱的人类中心主义在强调对人类无节制的行为做出限制的同时也兼顾到人类自身的合理需求。因而，似乎只有弱的人类中心主义在观念上体现了人类在自然中的形象的双重特性。

同时，相比于非人类中心主义，弱的人类中心主义还可以避免它的另一个理论逻辑问题。非人类中心主义的重要议题之一就是把道德关怀的对象扩展向人类以外的存在物。不过，在我们看来，在非人类中心主义的现有框架中，不论是动物权利论、生命中心主义还是生态中心主义都不能真正地完成这一议题。因为，非人类中心主义在理论逻辑上存在着严重的缺陷。我们的这个断言也同样是基于人类自身的形象所得出的。如果人类像其他物种一样是通过食物链（网）中吃与被吃的营养关系获得自身生存的物质和能量的普通一员，与其他动物所不同的仅是人类获得物质和能力远超其他物种，那么我们并不能得出人类对自然负有道德责任的结论。因为，我们和其他物种一样都是以自身的生存和发展为目的，自然中的任何一个物种都不会以其他物种的生存为自身的目的。在这个意义上，人类不需要对自然负有道德责任，更没有义务把道德关怀的对象扩展向人类以外的存在物。如果说人类对自然负有责任，那么这种责任也不是道德意义上的。这种责任主要是指，人类作为整个生物圈的主宰者和控制者，包括人类在内的整个生物圈的命运都掌握在人类手中，人类对整个生物圈未来的命运负有责任，应该以更加负责任的态度对待整个生物圈。由此，非人类中心主义的理论缺陷就十分明显了。不过，这个缺陷在弱的人类中心主义之中并不存在，它并不要求人类把内在价值赋予非人类存在物，因而也就不要求人类对其他的非人类存在物负有道德责任。

总之，我们发现，在观念层次上只有弱的人类中心主义才真正地反映了人类自身的形象。弱的人类中心主义既要限制人类自身的行为，同时又不会对人类自身的行为做出过度的限制。从人与自然之间的关系看，只有以此观念为基础来指导我们的行动，才能真正地解决生态危机问题从而重现人类与自然和谐共存的新局面。在本章中，我们首先以生态学为基础说明了生态系统中的不同生物有机体之间通过物质循环和能量流动形成了一种相互联系、彼此共存的关系；其次，我们说明了人类在进入人类世前后所发生的变化以及人类与自然生态系统之间不同于以往的相互共存关系，并描绘了人类进入人类世之后的形象；最后，我们指出在人类中心主义、非人类中心主义以及弱的人类中心主义的相互争论中只有弱的人类中心主义才能与人类自身的形象相符合。可以说，在人类应该以何种面貌面对自然的这个问题上，弱的人类中心主义为我们提供了一种健全的思想观念。如果人类持有一种弱的人类中心主义观念，那么我们在实践上或在社会意义上应该持有一种什么样的人类社会发展理念才能与之相适应呢？这是一个涉及人类在行动上应该以何种方式对待人类自身和自然的问题，或者说人类如何选择一种健全的社会发展理念的问题。我们将在下一章解决这些问题。

## 第五节 本章小结

基于人们在生态危机成因上所存在的纷争，在本章中，我们尝试从新的视角出发重新定位和厘定生态危机的根源。我们所依据的新的视角是生态科学关于人类在自然界中的位置的理解。同时，我们也借助人类世的概念进一步重塑人类在自然界中的形象，并且提出生态价值观上与人类形象相符合的是一种弱的人类中心主义。在本章的具体论述中，我们首先以生态学为基础说明了生态系统中的不同生物有机体之间通过物质循环和能量流动形成了一种相互联系、彼此共存的关系；其次，我们说明了人类在进入人类世前后所发生的变化以及人类与自然生态系统之间不同于以往的相互共存关系，并描绘了人类进入人类世之后的形象；最后，我们指出在人类中心主义、非人类中心主义以及弱的人类中心主义的相互争论中只有弱的人类中心主义才能与人类自身的形象相符合。

在本章的第一节中，我们借助生态学关于生态系统的研究说明生态系统的构成和特征。在具体的讨论中，我们指出生态系统的不同构成要素之间借助食物网和食物链存在着一种相互依存、彼此共生的特征。进一步来说，由上述生态系统的相互依存性特征所推出的一个直接的结论是：生态系统是无中心的或去中心化的。生态系统中的不同种群通过食物链（网）形成了相互联系、互利共存的关系，表明其中的所有的种群都处于一个网络之中。处于网络之中的任一种群的存在都是以其他物种的存在为前提的，或许有些种群对于生态系统的正常运行所起的作用相对于其他种群来说要大一些，然而，它们的功能的发挥同样需要以其他种群功能的正常发挥为前提，任一种群都不可能具有支配性的作用和地位。由此，我们也可以说处于食物网中的所有种群都具有“平等”的地位，每一个种群对于生态系统的正常运行来说都是必不可少的。

在第二节有关人类世概念的讨论中，我们指出，大致存在着三种不同的人类世定义：在地层学中，人类世被视为一个潜在的地质年代；在地球系统科学中，人类世是一个人类的活动已使作为整体的地球系统进入全新的状态之中的时代；而在更为宽泛的一般性定义中，人类世则被认为是一个人类成为一种新的地质力量的时代。虽然不同的人类世定义在“人类世开始的时间”以及“好人类还是坏人类世”两个问题上存在着激烈的争论，但是确定无疑的一点是，人类世是因人类活动对地球的影响而开启的一个新的地质时代，只有从全球尺度上理解开启人类世的人类影响才能解决不同的人类世定义之间的冲突，也才能为理解人类世中人与地球关系的深刻变化提供一个较为融贯的理论框架。

在第三节中，借助人类世概念，我们分析了人类进入人类世前后人与自然关系的转变。从我们对人类进入人类世前后的状况所做的分析来看，人类社会的面貌发生了巨大的变化，然而人类的天性似乎并未发生太多的变化。这种情况很容易就可以获得解释，从更新世人类的出现一直到人类进入人类世之前，人类的演化历经数百万年，人类和其他物种一样依靠自身的动物天性而获得生存和繁衍，也正是人类自身所具有的动物天性使人类自身可以适应自然的生存法则从而在与其他物种的竞争中获得生存和发展。然而，在进入人类世之后，人类在短短的时间内获得了无与伦比的强大力量从而使整个人类社会得到迅速的发展，而人类的天性在这短短的时间内却没有也不可能发生太大的改变。可以说，虽然人类在生存环境上已经进入了一个全新的时代，但是人类在心理和性情上还保留着在数百万年前形成的原始的动物天性。

在第三节中，我们还进一步指出，由于人类自身所创造的强大的文化，人类的原始的动物天性又在人类的文化观念中得到不断的强化。这种文化观念核心内容就是人类是自然的主宰者和统治者，生物圈中的其他非人类存在物是人类征服和利用的对象。这种观念反过来又强化了人类的原始的动物天性以及随之而来的实践和行动。可以说，人类要想真正地摆脱目前的生态危机，关键之处就是要抑制自身原始的动物天性，而抑制自身天性的首要之处则在于抑制自己的观念和行为。只有做到这一点，我们才能真正形成一种人类与自然彼此共存的观念以及由此观念所引发的实践和行动。

在第四节中，我们借助人类世概念讨论了人类当下在自然界中的形象与人类中心主义价值观之间的联系。在具体的讨论中，我们发现，在观念层次上只有弱的人类中心主义才真正地反映了人类自身的形象。弱的人类中心主义主张既要限制人类自身的行为，同时也不要对人类自身的行为做出过度的限制。从人与自然之间的关系看，只有以此观念为基础来指导我们的行动，才能真正地解决生态危机问题从而重现人类与自然和谐共存的新局面。可以说，在人类应该以何种面貌面对自然的这个问题上，弱的人类中心主义为我们提供了一种健全的思想观念。如果人类持有一种弱的人类中心主义观念，那么我们在实践上或在社会意义上应该持有一种什么样的人类社会发展理念才能与之相适应呢？这是一个涉及人类在行动上应该以何种方式对待人类自身和自然的问题，或者说人类如何选择一种健全的社会发展理念的问题。正是基于人类的形象以及与之相应的弱人类中心主义的生态价值观，我们才认为有必要在实践上或社会意义上采取一种与之相互匹配的社会发展理念。由此，“绿色”和“简约”观点的出现也就顺理成章了。

# 第三章　生态危机与绿色思潮

在上文中，我们从理论上分析了人类应该持有弱的人类中心主义的观念才能与人类自身的形象相符合，而在本章内容中，我们将从实践或社会层面说明人类应该坚持一种什么样的环境治理方式才能与弱的人类中心主义的观念相一致。当代环境运动中的绿色思潮可以说是对环境哲学在实践上的呼应。环境哲学思想的发展在很大程度上影响和支配着绿色思潮的进展。绿色思潮中的三种主要的观点分别是“深绿”“浅绿”和“红绿”。“深绿”在思想的主要来源是生态中心主义，尤其是深生态学，“浅绿”在某种程度上秉承了弱的人类中心主义的思想，而“红绿”思想则主要来源于生态马克思主义，它试图把环境问题与对资本主义制度的批判结合在一起。下文中，我们在全面呈现这几种观点的基础上尝试对它们进行批判性的分析。在这个批判性的分析中，我们将在指出它们各自存在着不同的缺陷的同时提供了一种全新的被称为“亮绿”的观点。这种观点不仅能够保存“深绿”“浅绿”和“红绿”各自的优点，而且可以避开它们各自存在的缺陷。更为重要的是，它与我们所描绘的人类的形象十分契合。

## 第一节 绿色思潮

说起绿色思潮，我们就不得说上文已经提到的卡逊和她的《寂静的春天》。可以说，她的这本书是拉开当代绿色思潮序幕的开创性著作。这本著作不仅开启了当代绿色思潮，而且在很大程度上奠定了绿色思潮的早期基调。作为海洋生物学家的卡逊在这部著作中主要讨论的是当时在美国大量使用的农药 DDT 对环境所带来的危害。她在书中通过列举大量的事实指出，农药 DDT 和其他杀虫剂和除草剂的大规模使用在消灭害虫的同时也对其他的动植物带来了严重的危害。这些农药和杀虫剂通过全球生态系统的循环作用已经威胁到整个自然生态系统的安全，同时也威胁到了人类自身的安全。她在书中发出了警示性的声音，如果人类自身再不行动起来改变目前的状况，那么不久的未来人们所看到的春天里将不再有鸟叫和虫鸣，而是一片寂静。她在文中表现出了对于环境危害的深深的忧虑，同时对人们为了追求单纯的商业发展而导致的科学技术的滥用提出了批评。这本书传达了很浓厚的悲观主义色彩和对于科学技术发展所带来的后果的恐惧。《寂静的春天》引起了全世界范围内的广泛关注，极大地推动了人类生态意识的觉醒。作为一部拉开现代西方环境运动序幕的作品，它在很大程度上塑造了早期环境运动的基本色调。这种影响主要表现在，早期环境运动或绿色思潮，带有对环境危害问题的恐惧和悲观主义色彩以及为了应对环境问题所采取的反技术、反文明的浪漫主义色彩。

早期绿色思潮的悲观主义和浪漫主义色彩所带来的直接影响是早期

环境运动在实践或社会层面上往往呈现出比较激进的面目。在绿色思潮兴起的初期，科学技术通常被视为环境问题的罪魁祸首，人类除了回到没有工业、没有科学技术的前现代时期之外，似乎没有其他的可以解决环境问题的出路。因而，绿色思潮的早期参与者往往把保护环境视为最高使命，反对商业和经济活动，不惜以与政府直接对抗的方式来达到自身的环境诉求。1971 年成立的“绿色和平组织”（Green Peace）作为一个非政府的国际环境组织在早期绿色思潮的发展过程起到了非常重要的作用。在该组织成立的早期阶段，它们尝试以非暴力的方式来实现自身的主张，比如，游行示威、静坐抗议和舆论宣传等，后来发展为与造成污染的公司企业以及政府发生直接的对抗等暴力的方式，而其中最为极端的发展形式就是所谓的“生态恐怖主义”（Eco-terrorism）。[①] 因而，可以说，早期的环境思潮不论是在理念上还是在实践上都呈现相对激进的色彩。

可以说，在这种激进色彩形成的过程中，以深生态学为代表的激进环境哲学起到了推波助澜的作用。现代西方绿色思潮的发展和环境哲学的发展可以说是相互交错，互相影响的。绿色思潮的发展在一定程度上促进了环境哲学的发展，而环境哲学的发展又为绿色思潮的发展提供了理论上的支撑和精神上的养分。因而，环境哲学产生的初期也带有明显的激进色彩。在这些激进的环境哲学理论中，最具代表性的就是深生态学。可以说，它也是对早期绿色思潮影响最大的一种思想理论。我们前文已经说过，深生态学和其他的激进生态学理论一样都是作为一种对人类中心主义观念的纠正和反叛而被提出来的。我们在奈斯所提出的深生态学思想中可以明显地感受到蕾切尔·卡逊所带来的影响。在他看来，

---

① LIDDICK D R. *Eco-Terrorism: Radical Environmental and Animal Liberation Movements* [M]. Westport: Praeger Publishers, 2006.

生态危机是近代以来人类依赖科学技术推动社会进步所带来的必然结果，如果要根治生态危机，那么就必须要在根本上变革传统上以科学技术为社会进步动力的社会发展模式。他进一步指出，要实现这种转变，必须彻底变革传统的人类中心主义的观念，而这种变革在传统的社会发展模式中是根本无法实现的，因为，传统的社会发展模式正是以人类中心主义作为其主流观念的。为此，他区分了浅生态学和深生态学，前者解决环境问题是为了人类社会自身的健康发展，而后者是为了保护生态环境，实现整个生物圈的良性运行。或者，更直接地说，前者是人类中心主义的，后者是非人类中心主义的。

浅生态学和深生态学中的“浅”和“深”在很多方面都存在着差别，不过，它们之间的实质性差异主要表现在对生态危机根源和解决危机的途径的不同理解上。前者认为生态危机的根源是科学技术的失控、人口的膨胀或者工业化的过度发展；后者认为，生态危机的根源是人类中心主义的观念以及建立在其基础上的科学技术的滥用，生态危机的真正根源是文化危机。因而，对于解决生态危机的方式，它们之间的差异表现在，前者认为生态危机的根源是像科学技术的滥用、人口的膨胀和工业化的疾速发展等一些具体的问题，生态危机的产生并没有观念层面或社会制度层面的原因，因而要解决生态危机，并不需要改变人类社会原有的生产方式和社会观念，而是通过科学技术的进步和变革；而后者则认为，单靠科学技术本身并不能真正地解决生态危机，人类中心主义是生态危机的根源，而在人类中心主义的文化环境中发展出来的科学技术根本无法解决生态危机，只有彻底地变革原有的文化价值观念，确立一种新的人与自然关系才能真正地根除生态危机。

深生态学对于“浅”和“深”的区分在实践层面上对“深绿”思潮的发展的产生了重要影响。“深绿”思潮在实践上可以视为是对深生态学的批判和发展。与深生态学一样，“深绿”也反对人类中心主义观念，它认为人类中心主义价值观以及建立于其上的科学技术的运用是生态危机的根源。因此，解决生态危机的关键是变革传统的社会文化观念并限制科学技术的运用。“深绿”认为人类应该建立一种非人类中心主义的价值观念才能真正地解决生态危机。更进一步地说，它所坚持的非人类中心主义的价值观念是深生态学的倡导者所坚持的“生态中心主义”。生态中心主义认为，生物圈中的所有生物有机体之间是相互联系、相互依存的，任何一种生物都是生物圈这个整体中不可分割的一部分，因而生物圈中的任何生命形式都是平等的，都应该获得生存和发展的权利。[①] 由此，生态中心主义者进一步认为生物圈中的所有存在物，不论包括人类在内的生物有机体还是生物有机体赖以生存的无机环境都有其固有的内在价值。“深绿”认为自然环境的价值是自然界的客观价值，它产生于人类主体之前，应该得到尊重。自然中的事物“具有法律认可的价值以及自身的尊严，而不仅仅是作为手段服务于‘我们’的利益”。[②] 我们可以看到，“深绿”在理念上深受深生态学思想的影响，或者可以说，这也是“深绿”思潮被称为“深绿”的主要原因。

不过，“深绿”并不完全认可深生态学的观点。“深绿”认为深生态学存在一个严重的缺陷，那就是后者并未触及资本主义制度。“深绿”认为变革传统的人类中心主义的文化观念是很有必要的，不过，文化观念上的变革不能只依靠舆论宣传或个体道德觉悟的提高，它最终还要依靠社会制度和环境政策的变革来实现。也就是说，变革社会观念

---

① DEVALL B, SESSIONS G. *Deep Ecology* [M] // POJMAN L P, POJMAN P, MCSHANE K. *Environmental Ethics*: *Readings in Theory and Application*. Stanford: Cengage Learning, 2017: 233-234.

② STONE C. *Should Trees Have Standing*?: *Law*, *Morality*, *and the Environment* [M]. Oxford: Oxford University Press, 2010: 11.

在实践上还是要从变革制度设计和环境政策着手。在“深绿”看来，这一点是深生态学所缺乏的，虽然它对人类中心主义的观念做了最为深入的批判，但是这并未对现有的资本主义结构提出挑战，因而深生态学并未在其实践上把其理论转化为实际的行动。这里要指出的是，如果人类中心主义的文化观念是生态危机的真正源头，那么把人类中心主义观念转变为一种非人类中心主义观念似乎是唯一的出路，这是深生态学和“深绿”所共同接受的。不过，在如何在实践上变革人类中心主义观念这个问题上，“深绿”与深生态学产生了分歧。“深绿”认为深生态学的观点仅止于理论并未提供在实践上变革人类中心主义观念的具体路径。“深绿”进一步认为，要想真正实现对现有的人类中心主义观念的变革最终还要从社会制度层面着手，只有改变当前的环境制度设计和环境政策才能真正变革人类中心主义观念。在“深绿”看来，深生态学仅停留在概念或理论层面并未涉及社会制度和政策层面，这在很大程度上使其较为缺乏实践上的力度。从这一点我们也可以看出，“深绿”与深生态学在实践层面上的差异。

“深绿”思潮在实践上的集中体现是“深绿政治学”。“深绿政治学”强调的是生态危机问题最终是一个政治问题，只有从政治层面着手才能真正解决生态危机问题。因而，“深绿”认为解决环境问题的实践路径是通过群众性的运动去影响政府当局的环境制度设计和环境政策制定或者直接参与到政府的环境政策制定的过程中。当然，这是对“深绿政治学”的一种抽象概括，它实际上包含了多种不同的思想和主张，其中主要有动物保护主义、反全球化、女性主义和反资本主义等。总的来说，在理论层面上，“绿色政治学”吸收深生态学的观点，把人类中心主义的文化价值观念视为生态危机的根源；而在实践上，“深绿政治学”则倡导把变革社会制度和环境政策作为改变传统的人类中心主义文化价值观念的实践路径，从而实现对环境问题的真正解决。

与“深绿”相对的一种思潮是“浅绿”，它的思想和观点在很大程度上来源于奈斯所说的浅生态学。“浅绿”认为，当前生态危机的根源并不是人类中心主义价值观，而是人口增长过快、技术的误用和自然资源的无偿使用等这些具体的原因。如果说“深绿”认为生态危机的深层次原因是人类中心主义观念，那么“浅绿”则认为根本不存在所谓“深”层次的原因。在“浅绿”看来，生态危机的根源不需要在观念层面上去寻找，它们就存在于社会中的具体问题中。因而，按照奈斯对深生态学和浅生态学所做的区分，“浅绿”仍然是人类中心主义的，不过它更接近于一种弱的人类中心主义。因而，“浅绿”主张在不改变原有社会制度和社会文化观念的基础上通过科学技术的变革和改进来解决生态危机。与“深绿”保护自然环境是为了自然环境以及整个生物圈的利益不同，“浅绿”强调对自然环境的保护只是为了人类自身的利益而非自然环境的利益。这是“浅绿”和“深绿”最大的不同之处。

由于“浅绿”所认定的生态危机的根源不同于“深绿”，因而前者所提出的解决生态危机的方案也就不同于后者。“浅绿”大致把生态危机的根源归结为：“人口过快增长、现代技术的内在缺陷和自然资源的无偿使用。”① “浅绿”应对生态危机的方案也就从这几个方面着手，比如，控制人口的增长、变革或改良科学技术以及推进自然资源的商业化和自然化。“浅绿”所提供的解决生态危机的关键之处是，它强调科学技术在环境治理问题上的重要作用。由此，“浅绿”对于科学技术所提出的问题是如何在原有发展模式的基础上，提供一种以环境或生态为导向的生态技术，这种生态技术不仅能够满足人类自身生存发展的需

---

① 王雨辰．论西方绿色思潮的生态文明观［J］．北京大学学报，2016（4）：19.

求，同时可以保证整个生物圈的可持续发展。

“浅绿”在某种程度上纠正了“深绿”所表现出来的理想性和过激性。我们已经说过，“深绿”把建立在人类中心主义观念之上的科学技术视为生态危机的罪魁祸首，因而主张对科学进行限制，倡导人类回归到前科学的“蛮荒”状态。“深绿”观点带有明显的浪漫主义和乌托邦色彩。在它的框架中，科学技术的发展已经对自然造成了一系列不可挽回的后果，似乎人类只有重回“蛮荒”时代才能重现人类与自然和谐相处的局面。“深绿”为了保护环境已经完全牺牲了人类自身的利益，把人类降为生物圈中的普通一员，完全忽视了人类自身的合理需求。这导致的一个直接结果是，“深绿”思想在实践上根本无法实施，同时也由于其激进的形象，在普通民众中也较少为人所接受。“浅绿”可以视为是对“深绿”的过激性和理想性的纠正和对社会现实的回归。相对于“深绿”的观点，“浅绿”则更多地显示出温和与折中。“浅绿”体现了人类在面对生态危机问题时所表现出的某种功利主义的态度。在“浅绿”看来，每一物种都是以自身的利益为目的和中心的，保护生态环境和人类自身的发展都很重要，因为它们都符合人类自身的利益。不过，“浅绿”所坚持的弱的人类中心主义，主张当人类自身的利益与生态环境的利益不能同时兼顾时要首先考虑人类自身的利益，其次才是考虑生态环境的利益；当人类面对环境问题时，为了保护环境而对人类自身的行为做出合理的限制符合人类自身的长远利益。生态环境的价值在根本上是因为人类而存在的，保护生态环境的目的仍然是为了人类。如果单纯为了保护环境而牺牲人类的利益，这就是本末倒置了。在这一点上，“浅绿”反对“深绿”完全放弃人类中心主义中的合理成分，反对在优先性上把生态环境的利益置于人类利益之上。总的来说，“浅绿”主张在保留人类中心主义合理成分的同时对人类自身的行为做出限制，这样的主张既可以保护环境也符合人类自身的长远利益。所以，目前为止，“浅绿”相对来说是一种最为普通民众所接受的观点。

“绿色思潮”中的第三种观点是“红绿”，它的两种主要观点是有机马克思主义和生态马克思主义。“红绿”的这两个不同的派别都强调：

> 马克思主义理论对解决生态危机的价值和意义，都强调变革资本主义制度和生态价值观对于解决生态危机的重要性，从而与“深绿”“浅绿”思潮的理论区别开来。①

可以说，“红绿”把生态问题与马克思主义关于资本主义制度的批判结合在了一起。“红绿”认为，现代性价值体系与资本主义制度才是生态危机的根源，现代性价值体系是围绕人类中心主义建立起来的，它将自然看作是征服的对象，唯一的价值就是满足人类的需要。另外，它还认为，现代性价值体系崇尚经济增长，导致了以财富为幸福目标的经济主义的发展观与价值观，产生了经济崇拜和财富崇拜的异化现象，这些价值观本质上是个人主义的，无法激励以人类社会共同福祉为目的的社会行动。“红绿”还进一步认为人类对自然的掠夺和利用是资本主义制度下一部分人压迫和掠夺另一部分人的直接结果。因而，生态危机的根源是资本主义制度以及与之伴随的现代性价值体系。

在“红绿”看来，要解决生态危机首先就是变革资本主义制度，实行生产资料公有制，建立“所有生命共生共荣及公正分配资源和机

---

① 王雨辰．论西方绿色思潮的生态文明观［J］．北京大学学报，2016（4）：20.

会的知识和价值观”。① 也就是说，只有实现文化价值观和资本主义制度的双重变革，才能真正地解决生态危机问题。“红绿”认为不论是“深绿”还是“浅绿”，想要在不变革资本主义生产关系的基础上去解决生态危机的愿望都是不可能实现的。对此，有学者指出：

> “深绿”思潮不理解生态危机正是由于资本主义制度以及由资本所控制的全球权力体系造成的，任何地方的生态危机的根源都与资本及权力关系密切相关，他们脱离全球视野和全球行动，寄希望于单纯依靠地方生态自治和个人生活方式的变革，来解决生态危机是不现实的；“浅绿”思潮则希望在现有资本主义制度框架内，通过技术革新和制定环境政策来解决生态危机，不理解科学技术的社会效应取决于社会制度的性质。在资本主义制度和生产方式下，技术革新虽然能够起到降低生产单位耗能和自然资源损耗的作用，但从根本上说只不过是使资本对自然的剥削升级了而已。②

基于以上的分析，我们发现“红绿”与“深绿”和“浅绿”之间争论的焦点在于是否只有变革资本主义的生产关系才是解决生态危机的唯一出路。“深绿”和“浅绿”的相似之处是它们都认为变革文化价值观念是解决生态危机的根本出路，所不同的是前者要求彻底改变传统的文化价值观，而后者则仅要求对传统的生态价值观念做适度的修正。“红绿”与“深绿”和“浅绿”的相似之处是它也要求对传统的生态价值观进行变革，而且要求根本性的变革，在这一点上，它更接近于

---

① ［美］菲利普·克莱顿．有机马克思主义与有机教育［J］．马克思主义与现实，2005（1）：77.

② 王雨辰．论西方绿色思潮的生态文明观［J］．北京大学学报，2016（4）：24.

“深绿”而非“浅绿”。不过，“红绿”与后两者最大的不同是，它认为只有实现生态价值观和资本主义制度的双重变革才能真正地解决生态危机问题。尤其是要求对资本主义制度进行根本性变革这一点是“红绿”与后两者最为不同之处。不过，有一点需要强调的是，虽然“深绿”和“浅绿”也在某种程度上强调变革社会制度在解决生态危机问题上的重要性，但是，它们所强调的社会制度的变革与“红绿”所强调的有着根本性的差别。这种差别主要体现在，前两者主张在原有社会经济制度不变的基础上，变革环境制度和环境政策；而后者则认为仅变革环境制度和环境政策治标不治本，只有变革原有的社会经济制度才是解决生态问题的唯一选择。

综上所述，绿色思潮中的三种不同观点对生态危机的根源、解决生态危机的途径都持有各自不同的立场。“深绿”与“红绿”都认为，当前的生态危机有深层的哲学根源：“深绿”认为是人类中心主义的文化价值观，而“红绿”则认为是资本主义制度及其所孕育的现代性价值体系。“深绿”和“红绿”还有另一个共同点，就是它们都对科学技术持有否定的立场，它们都认为生态危机是科学技术发展的必然产物，要解决生态危机就要对科学技术进行限制。作为对传统的文化价值观念的批判和变革，“深绿”坚持非人类中心主义，尤其是生态中心主义，而“红绿”则倡导马克思主义的生态价值观。与前两者都不同的是，“浅绿”并不认为生态危机有深层次的哲学和社会制度根源，因而，也不认为只有变革资本主义制度与限制科学技术的应用才是解决生态危机的必要选择。“浅绿”认为生态危机的根源只能从社会自身发展的具体状况中去寻找，它承认科学技术的滥用对环境造成的危害，但是它也认为只有变革和改进科学技术才是解决生态危机的必由之路。

## 第二节　绿色思潮的合理性限度

“深绿”“浅绿”和“红绿”之间所存在的分歧不可避免地把我们引向了进一步的争论之中。虽然我们已经明确了这三种观念的具体内容以及它们之间的分歧，但是还有一些问题是我们必须要做出明确回答的，它们包括：某种文化价值观，比如，人类中心主义是否与生态危机的产生之间存在某种必然的联系；生态危机是否具有某种制度上的根源，比如资本主义制度；再就是科学技术究竟在生态危机产生过程中扮演了什么样的角色？这些问题不仅是有关绿色思潮的各种讨论中的核心问题，而且可以说是所有有关环境问题的讨论都绕不开的话题。只有对这些问题做出明确的回答，我们才能对这三种观点在理论上的优势和缺陷做出合理的评价。

这些问题中首当其冲的就是，生态危机真的是某种价值观的必然产物吗？在绿色思潮中，“深绿”和“红绿”给出的都是肯定的答案。因而在两者给出的解决生态危机的方案中变革旧的价值观念代之以新的价值观念都是不可或缺的核心内容，而“浅绿”对此却并不认可。可以说，这个问题的答案直接决定这三种观点各自对生态危机的根源所做的判断以及它们各自所提供的解决方案哪个更具有合理性。如果答案是肯定的，那么这至少表明“深绿”和“红绿”的相关论断是合理的，而“浅绿”的相关论断则有欠妥当；相反，如果答案是否定的，那么则表明“浅绿”的观点是合理的，而“深绿”和“红绿”的观点则有欠妥当。当然，我们更为关心的是，如果答案是否定的，那么特定的文化价值观与生态危机之间究竟存在着什么样的联系或者是否根本就不存在联系。我们在下面的内容中将分别对这两个问题做出解答。

如果上述答案是肯定的，那么就会带来两个方面的后果。从时间的角度来说，这意味着，某一文化在某种价值观确立前后的环境状况存在着明显的区分。也就是说，在具有该种价值观的社会阶段就存在着生态危机，而不具有该价值观的阶段则没有生态危机。而从空间的角度来说，这意味着在人类的不同亚文化中具有某种与生态危机存在直接联系的价值观的文化会存在生态危机，而没有该种价值观的文化则没有生态危机。不过，从现有的证据来看，不论是有关时间层面上的还是空间层面上的论断似乎都存在着反例。在时间层面上，如果我们假设人类中心主义价值观念是生态危机的根源，那么对于这种观点的一种非常直接的反对意见是，生态危机可以说是 20 世纪 60 年代以后才出现的问题，而按照怀特的观点，人类中心主义是与西方基督教的产生相伴随的，同时我们也都知道西方基督教有着悠久的历史，它不是 20 世纪 60 年代以后才有的。这是否足以说明，人类中心主义这种价值观与生态危机并不存在必然的联系呢？当然，有人会说，20 世纪 60 年代只是生态危机全方位地呈现出来，严格来说，西方社会的生态问题早在 20 世纪 60 年代以前就存在着。那么，这个时期是否可以追溯到西方基督教成为整个西方占有支配地位的宗教的那个时期呢？这可能就涉及生态危机究竟从何时开始这个经验性的问题。显然，这个问题已经超出了我们的讨论范围。不过，从时间角度来说，我们在上文已经指出，即使不存在人类中心主义观念的文化中也存在生态问题。或许，这就足以表明，特定的价值观与生态危机之间并不存在必然的联系。

接下来的问题是，人类中心主义是否是生态危机的根源？这个问题似乎没有再讨论的必要了，因为如果承认人类中心主义也是一种价值观，那么可以肯定的是它与生态危机之间也不存在必然的联系。不过，仔细分析会发现，这个具体的问题在某些细节上又不同于上述一般意义上的问题。应该说，人类中心主义这个主题处于环境哲学和绿色思潮争论的中心。在绿色思潮中，“深绿”和“红绿”要么坚持人类中心主义价值观是生态危机的罪魁祸首，要么认为它对生态价值观的产生负有不可推卸的责任；即使是对其持某种肯定态度的“浅绿”也认为应该在某种程度上对其进行变革和修正。也就是说，虽然绿色思潮中的各派观点在人类中心主义究竟在生态危机产生的过程中扮演了什么角色这个问题上存在分歧，但是它们都不约而同地认识到人类中心主义必定与生态危机的产生存在某种紧密的联系。这种联系究竟是什么呢？或许，这个问题的答案，我们还要回到有关人类中心主义的争论的源头去寻找。当怀特提出，人类中心主义观念是生态危机的历史根源时，他想表达的究竟是什么呢？我们认为，他想表达的并不是人类中心主义观念必然会导致生态危机，而是人类中心主义是导致生态危机的必要条件。也就是说，即使西方的基督教是一种最为人类中心主义的宗教，也不意味着生态危机的产生与基督教的产生相伴随，而是人类中心主义观念在与其他相关条件的共同作用下才会导致生态危机。这就与生态危机产生于 20 世纪 60 年代这一事实不存在冲突了。

不过，即使怀特想表明人类中心主义并非必然导致生态危机而是生态危机产生的必要条件，这样的观点仍然是存在问题的。我们在第二章第三节的讨论中也已经做出了说明，其中得出的大致结论是人类中心主义不仅不必然导致生态危机，而且也不是生态危机产生的必要条件。由这个结论所引出的就是我们上文所提出的第二个问题。如果人类中心主义与生态危机之间并不存在必然联系，那么它在生态危机产生的过程中究竟扮演了什么样的角色呢？我们在上文所提供的答案是，生态危机根源是人类原始的动物本性，而人类中心主义不过是这种原始的动物天性在观念上的强化。不过，这种观念可以为人类在自身原始天性驱动下的行为提供辩护并且强化这种行为。可以说，人类中心主义观念并非生态危机的根源，但是它在某种程度上加速了生态危机产生的进程或加深了生态危机的严重程度。从这个意义上来说，变革或修正人类中心主义观念至少在某种程度上可以减缓生态危机的进程或纠正人类自身的行为。由此，人类中心主义观念在生态危机中所扮演的角色以及对其做出适当的纠正和改进所能够带来的好处和作用也就非常明显了。

我们可以对上述讨论做一个简单的总结。这个结论大致是，“深绿”和“红绿”所认为的人类中心主义是生态危机根源的观点并不成立，“浅绿”在这个问题上相对而言更具合理性。不过，它们对于人类中心主义的强调都有其合理之处。这种强调至少让人们意识到人类中心主义观念在生态危机产生的过程中所扮演的角色，并且也成为学者们在提供解决生态危机的具体方案时必须要考虑的一个因素。

绿色思潮中的不同观点相互争论的另一个非常重要的问题是生态危机是否有制度上的根源。对此，三种观点所提供的答案也不尽相同。“深绿”和“浅绿”并不认为生态危机有着制度上的根源，而“红绿”则认为生态危机存在制度性的根源，并且矛头直指资本主义制度。当然，这里有必要做一个简单的区分。这里所说的制度主要指的是作为一个国家或某种文化的经济基础的根本性社会制度，比如封建制度、资本主义制度或社会主义制度。与这种根本性的社会制度不同的是，一个国家或文化中针对特定的问题或对象所制定的特定的制度或规范。基于这个区分，我们就能够更加明确不同观点之间争论的焦点。实际上，这里争论的所谓制度性的根源主要指的是前一种制度而非后一种制度。不过，“深绿”和“浅绿”也认为生态危机有制度上的原因，而这里的制度主要指的是后一种制度。在它们看来，要改变生态危机的状况，改变政府当局的环境制度设计和环境政策制定是一种非常重要的途径。我们在下文讨论社会制度与生态危机之间的联系时主要是围绕前一种意义上的制度展开的，只有在必要的时候我们才会涉及后一种制度的讨论。

那么，生态危机是否与特定的社会制度存在着必然的联系呢？在我们看来，“红绿”对于该观点的坚持是缺乏充分理由的。如果生态危机是资本主义制度的必然产物，那么在没有资本主义制度的国家中就应该不存在生态危机。我们相信这个推论所存在的问题是非常明显的。我们前文已经说过，放眼全球，几乎每一个国家或者每一种文化中，不论它们各自的国家体制是什么样子的，都存在着程度不同的生态危机。可以说，在当今世界中，生态危机已经成为全人类共同面对的全球性问题。如果按照“红绿”的逻辑，那么我们作为一个社会主义制度的国家应该不存在生态危机问题。然而，现实情况是，我国也存在着生态危机。而从历史角度来看，自进入农业社会之后，人类对自然的开发和控制的深度和广度已经远远超过了之前的时代，而人类对自然环境的干扰和破坏也开始呈现出来。或许，这也是学者们把人类进入农业社会视为人类世开始的时间节点的主要原因。也就是说，人类进入人类世，由于自身生存空间的扩展尤其是农业文化的不断发展，对于自然的干扰和破坏已经开始，生态问题也逐渐开始出现。不过，这种干扰和破坏还在自然生态系统可以自我调节的范围之内，因而当时的人类并未真正地发现生态问题的存在。而工业革命的兴起和完成使人类从封建社会步入资本主义社会，人类借助先进的技术和工具加快了开发和利用自然的脚步，对自然的干扰和破坏更加严重，进而已经开始超出自然生态系统自身可以调节的范围，生态危机才开始全面地呈现出来。也就是说，生态问题在资本主义制度产生之前就已经存在，只是到了资本主义社会阶段才全面爆发出来。这意味着，生态危机的产生不仅与特定的历史阶段没有必然的联系，更与特定社会经济制度没有必然的联系。由此，“红绿”观点存在的问题似乎已经不言而喻了。

在我们看来，“红绿”观点之所以会面临这样的问题还存在着更深层次的原因。这个更深层次的原因是它混淆了生态危机问题的性质。生态危机涉及的是人类与自然之间的关系，也即种际关系，而社会制度涉及的是人类社会内部人与人之间的关系，也即人际关系。实际上，“红绿”主张通过变革资本主义制度来解决生态危机是想通过变革人际关系来调整种际关系。可以说，当我们论及生态问题时，整个人类是作为一个物种与自然相对的，此时，人类在自然面前呈现出的是人类的普遍特征，或者可以说是，人类的本性或天性。人类的本性中包括两个部分的内容：本能和文化，前一部分主要指的是人类与其他物种之间的同一性，而后一部分主要指的是人类与其他物种不同的独特性。人类拥有文化这一独有的特征也主要是从种际关系上来谈论的。而某一人类亚文化中的具体的社会制度体现的是人类物种内部不同亚文化之间的差异。这种种内差异在种际关系中无法呈现出来。生态危机根源于人类原始的动物天性的无节制释放。人类某一亚文化中的社会制度并不导致人类的这种天性，同样变革某种亚文化中的社会制度也不能改变整个人类天性。由此，可以说，某个文化或国家中的特定社会制度与生态危机之间并不存在必然联系。

虽然生态危机的产生与社会制度之间并不存在必然的联系，但是我们不应该忽视制度设计在环境治理中的重要作用。这里所说的社会制度是我们上文所说的第二种意义上的。我们知道，生态危机的真正根源是人类原始的动物天性，人类共同拥有的天性是生态危机普遍存在的最终原因。因而，治理生态危机的有效手段是限制或改变人类的天性。那么，限制和改变人类的天性应该从何着手呢？显然，我们目前不可能从总的意义上对整个人类行为做出限制。治理生态危机的任务最终还需要人类社会中的不同国家去完成。这意味着，虽然生态危机是在全人类的社会中共同存在的，但是是否能够最终解决它还要看人类社会中的各个国家自身能否提出有效的解决方案以及能否真正把这些方案在实践中贯彻实施。而治理生态危机的具体途径不外乎两种：个体自觉和外在强制。如果仅依靠个人自律而非外在的强制，那么这样所带来的治理结果总是有限度的而且非常缓慢。因而，除了依靠个人自觉外，最为有效的方式是强化制度设计和环境立法。可以说，一个国家环境制度和环境立法的好坏直接决定了这个国家环境治理效果的好坏；反过来说，一个环境治理的好坏直接表明这个国家在环境制度设计和环境立法上的好坏。

绿色思潮不同观点之间的第三个根本分歧表现在对科学技术的态度上。“深绿”认为科学技术应该为生态危机的产生负有主要责任，要解决生态危机就需要限制或排除科学技术，回到前科学的、“蛮荒”的生存状态。从某种程度上来说，“深绿”给出的解决方案不是技术的，而是概念的和哲学的。而且，在“深绿”方案中表现出来的更多是反文明和反社会进步的悲观主义和浪漫主义色彩。“红绿”同样对科学技术持怀疑和批判态度。在它看来，资本主义制度也通过科学技术来克服生态危机和巩固自己的地位，然而资本主义制度自身固有的矛盾导致它在利用新技术来解决现有的问题时必然会带来新的问题。对“红绿”来说，解决生态危机的最终途径只能是制度层面的而非科学技术层面的。“浅绿”则对通过科学技术来解决生态危机抱有肯定和乐观的态度。在“浅绿”看来，科学技术是人类理性的最高成就，如果不能依靠它，人类将失去自我发展的手段，也失去了解决生态危机的手段。另外，科学技术仍然有着非常广大的发展空间，或许人类在未来可以发展出生态的、环境友好的新技术，这些新技术在满足人类自身发展需求的同时也不会对环境造成严重的干扰和破坏。总之，“深绿”和“红绿”都对科学技术持有怀疑的态度，相反，“浅绿”则对之持有积极和肯定的态度。

那么，科学技术在生态危机产生的过程中究竟起着什么样的作用？要解决生态危机是否有必要对科学技术的发展进行限制？下面，我们就尝试对这些问题做出解答。

科学技术究竟在人类社会的进程中发挥了什么样的作用，这是一个很有争议的话题。当然，从历史的角度来看，有关科学技术的大规模争论是在工业革命之后才有的。虽然在这之前也有学者们对科学技术的社会作用进行讨论，但是对科学技术的社会作用的深入讨论却是工业革命之后的事情。自工业革命之后，不论是学者还是普通民众对科学技术的态度似乎都有某种矛盾的心理。一方面，工业革命的发展极大地促进了社会的进步和发展，改变了人类社会原有的生产方式和生活方式；另一方面，工业革命的发展也为人类社会带来了前所未有的新问题，生态危机就是最好的例证。生态危机对于科学技术的发展带来的一种重要影响是，很多学者和民众把生态危机的产生归罪于科学技术。由此引发了对科学的批判和排斥，进而生出反科学情绪。20 世纪 80 年代，西方社会中爆发了大规模的反科学思潮。可以说，反科学思潮正是对这种反科学情绪的直接反映。绿色思潮中所呈现出的反科学的态度和行动可以说是这个反科学思潮的重要构成部分。西方反科学思潮的产生和发展对西方科学的发展造成很多非常消极的影响。这种反科学思潮在我国也有相当一部分的呼应者，因而也产生了很多以生态危机为依据而对科学技术进行批判的思想和观点。从目前的讨论状况来看，很多学者对未来人类文明的发展流露出悲观主义情绪的主要原因在于，虽然人们发现科学技术带来了严重的社会问题，但是人类社会的生存和发展又离不开科学技术。因而，一些激进的环境哲学家们才会提出以拒绝和排除通过科学技术建立起来的人类文明这样极端的方式来解决环境问题。从这些讨论来看，即使科学技术可能不是生态危机的真正根源，它也与生态危机的产生存在着某种联系。

那么，科学技术与生态危机究竟有着什么样的联系呢？我们认为，这个问题的答案或许可以在科学技术与人类的关系中找到。在第二章第二节中，学者们在论及人类进入人类世的时间节点和标志事件时存在着很多的分歧。有学者把人类农业时代的来临作为人类世开始的标志，而另外一些学者则认为这个标志是工业革命。不论人类进入人类世的标志是农业时代还是工业革命，有一点可以肯定的是，人类进入人类世之后在开发和利用自然的能力上获得了很大的提升，可以说获得了此前所不可比拟的控制和干预自然的力量。同样，人类对自然的干扰和破坏的规模和程度也是此前所不可比拟的。那么，人们不禁要问，人类所获得的这些能力和力量究竟是什么呢？它是从哪里来的呢？第一个问题的答案我们可以脱口而出：科学技术！科学技术的发展和生产工具的进步使我们可以进行规模化的土地耕作，从而促成农业时代的产生；同样是科学技术的发展和生产工具的进步促使工业革命得以完成和“蒸汽时代”的来临。科学技术的进步使人类获得空前的开发和利用自然的能力的同时也把破坏和干扰自然的能力提升到一个新的量级。

第二个问题的答案似乎没有那么容易找到。这个问题涉及人类与其他生物有机体在物种意义上存在的差异。人类作为一个物种在生物分类学中的名称为“智人”（Homo Sapiens）。这个简单的名称基本标示出人类与其他物种的本质差异。它表明人类是依靠智慧或智力生存的物种，正是在这个意义上，人类自视为智能生物。人类智能最为集中的体现是，人类发展出了庞大的、系统的文化。这种成规模的、系统化的文化是任何一个其他生物物种所不具有的。如果其他物种与人类在生存方式上有什么明确的差异的话，那就是人类之外的其他物种都是以本能的方式得以在自然中获得生存的，而人类赖以生存和发展的基础是智力以及由此所发展出的文化。也就是说，人类与其他物种的本质差异是，人类是以智力和文化作为自身的生存方式的。而人类智力和文化最为精髓和核心部分就是人类所发展和创造出的科学技术，或者更直接地说，科学技术是人类自身的生存方式。人类之外的其他物种依靠先天遗传所获得的锋利爪牙和强大的捕食能力在激烈的生存竞争中获胜，而人类则依靠科学技术。从某种程度上来说，科学技术为人类提供了生存所需要的体质构造和生存技能，或者更直接地说，科学技术就是人类体质器官的外化和延伸。从科学技术与人类的关系中，我们可以得出结论：科学技术并不是生态危机的根源。因为，科学技术是人类身体器官的外化，或者说，它只不过是人类的工具，在人类开发和利用自然的过程中，至多只起到中介的作用。由此可以说，科学技术的滥用也在生态危机产生的过程中起到了推波助澜的作用，只不过科学技术滥用的原因却不是科学技术自身。人类通过科学技术来开发和利用自然所导致的生态危机，只能由人类自身而不是科学技术来负责。这意味着，学者们对科学技术的批判是没有道理的，他们应该批判和反思的是人类自身的行为方式。

那么，究竟人类自身存在着什么样的问题才导致了对科学技术的滥用呢？这个问题又把我们引向了前文讨论过的人类天性问题。我们在前文已经指出，生态危机的根源是，人类在很大程度上保留着自身原始的动物天性，并且我们在自身演化中又发展出强大的科学技术，在自身原始天性的驱使下以科学技术为手段对自然进行了无限制的开发和利用。简单来说，生态危机根源于人类自身天性中的缺陷。虽然我们人类也是有理性的动物，但是我们自身的理性是不全面的甚至是存在很大缺陷的。人类仅仅考虑自身的利益，以动物式的方式对待自然，就此而言，人类不过是一种动物而非真正意义上的具有完全理性的人。人类以动物式的方式对待自然，完全无视自身行为的后果，而作为人类与自然中介的科学技术进一步强化了人类对待自然的方式，由此造成的直接结果就是科学技术的滥用。因而要改变科学技术滥用的状况，需要限制或改变人类自身的天性，而不是对科学技术进行限制。如果人类能够改变自身对待自然的态度和方式，以更加全面的、健全的理性方式处理人与自然之间的关系，那么科学技术不仅不会加重生态危机，反而会在生态危机的解决中发挥重要的作用。在这里，我们可以认为，在对科学技术的态度上，“深绿”和“红绿”观点存在着明显的缺陷，而“浅绿”则较具合理性。

总结以上讨论，我们得出的大致结论是：首先，生态危机并不存在价值观上的根源，人类中心主义并不必然导致生态危机，不过，关于价值观，特别是人类中心主义的讨论在某种程度可以加快生态危机解决的速度；其次，生态危机也不存在制度上的根源，但是环境设计和环境制度是生态危机治理中不可或缺的议题；最后，科学技术并非生态危机的真正根源，人们对科学技术的批判和排斥态度是缺乏合理性的，如果人类以更加合理的方式对科学技术加以引导，它不仅不会导致生态危机，反而会成为治理生态危机的关键力量。

## 第三节 亮 绿

有了上文的总结，我们就可以对绿色思潮中的不同观点做一个全面、客观的评价。“深绿”存在的最大问题是它认为生态危机存在价值观上的根源，并且认为人类中心主义价值观就是生态危机的根源，同时它还对科学技术持有激进的排斥态度，带有明显的悲观主义和反人类倾向。但是，不可否认的是“深绿”对人类中心主义价值观的强调是有其积极意义的。“红绿”存在的缺陷是认为生态危机存在着制度上的根源，而且认为资本主义制度就是罪魁祸首。不过，“红绿”表明了生态危机至少与社会制度存在着某种联系。它给我们提供的最大启示是要在治理环境问题时关注制度的层面和维度。“浅绿”的主要优点是对科学技术的肯定及其在生态危机治理过程中所起作用的强调。它的主要缺点是，忽视了价值观和社会制度因素在解决生态危机问题上的重要作用。总结绿色思潮中的三种观点，关于生态危机的根源问题，它们都提供了各自的答案，正是基于这些答案，它们提供了各自的解决方案，进而形成了自身独特的理论倾向。对于这些答案，我们已经分析指出，它们都并未找到生态危机的真正根源，从而导致它们所提供的方案都存在着自己的不足。然而，不可否认的是它们各自的方案也都有其各自的理论优势，它们向学者们指明了环境治理中应该积极予以关注的因素和维度。这些因素和维度为我们发展出一种更好的环境治理思想提供了充分的理论基础。

如果说“深绿”“浅绿”和“红绿”都存在自身的缺陷而不能被

视为一种合理的环境治理理论，那么人们会问一种真正合理的环境治理理论应该符合什么的标准，或者应该具备哪些基本的理论要素呢？对于这个问题，上文的讨论已经提供了初步的答案。在我们看来，一种合理的环境治理理论应该在生态危机的根源和解决生态危机的具体途径两个方面都提供合理的说明。一种合理的环境治理理论应该把生态危机的根源定位于人类自身天性的缺陷。更为重要的是，在具体的解决方案上它不仅要涉及价值观、社会制度设计的维度，而且要正视科学技术在生态危机中所扮演的角色和解决环境问题中所起的作用。那么，依据这个标准，是否有这样的一种理论存在呢？在我们看来，答案是肯定的。这种新的环境治理理论被称为“亮绿”，它可以被视为是绿色思潮中的第四种观点。相比于其他三种观点，“亮绿”的独特优势体现在它对生态危机问题的解决所提供的具体方案上。“亮绿”主张生态危机问题的解决是一项系统工程，它同时需要价值观、社会制度、个人意识与科学技术的相互作用。特别是，它认为可通过建构良好的共同体和发展新技术来实现生态可持续的发展之路。

“亮绿”一词是阿历克斯·斯蒂芬（Alex Steffen）在2003年提出来的。斯蒂芬想用“亮绿”来表达这样一种信念：可持续发展是可能的，经济繁荣与生态文明并不是相对立的。[①] 这个思想来源于20世纪末的“鲜绿设计运动”（Viridian Design Movement）。这个运动是由布鲁斯·斯特林（Bruce Sterling）发起的，它主张通过在设计中融入技术和艺术来创造绿色产品，从而形成绿色社会工程。绿色社会工程旨在创造财富，但同时避开了生态上的不良后果。“亮绿”还从工业生态学那里获得了灵感，工业生态学注重设计、技术创新，并以此来应对生态问题。

---

① STEFFEN A. *World Changing: A User's Guide for the 21st Century* [M]. New York: Abrams, 2006: 10.

同时，“亮绿”还吸收了绿色思潮中的其他几种观点的合理部分，从而显示出了其他几种观点所不具有的全面性和包容性。下面，我们就对“亮绿”的具体内容做出更为深入的说明和交代。

首先，在价值观的问题上，“亮绿”承认价值观的重要作用。我们已经指出，生态危机并不存在价值观上的根源。不过，建立良性、适宜的价值观可以为人类的行动提供积极的动力和正确的方向。“亮绿”对这一点是持肯定态度的。而且在环境哲学中所讨论的强的人类中心主义、弱的人类中心主义和非人类中心主义观点之间，“亮绿”选择了弱的或温和的人类中心主义。在“亮绿”看来，只有弱的人类中心主义价值观才能同时兼顾人类和自然的利益。这一点正好与我们在第二章第三节所讨论的人类自身的形象以及与之相符合的价值观念相一致。我们已经指出，弱的人类中心主义的观念优势表现在，一方面，弱的人类中心主义强调人类自身的价值，人类与生物圈中的其他物种一样也有自身的生存和发展问题，也像其他物种一样把自身的利益放在优先的位置上；但另一方面，它强调作为具有强大力量的物种，整个生物圈命运都掌握在人类自身的手中，为了整个生物圈，也为了人类自身未来的命运，人类应该以更加负责任的态度对待自然生态系统，进而对开发和利用自然的行为做出合理的限制。

“亮绿”对弱的人类中心主义的认可不仅显示了其观点的独特价值，而且为治理生态危机的实践提供了切实可行的行动基础。在绿色思潮中，对人类中心主义观念做出最为激烈批判的是“深绿”。“深绿”在批判人类中心主义的基础上，主张非人类中主义观点。然而，非人类中心主义存在的重大缺陷是，一方面，它把人类降为生物圈中的普通一员，忽视了人类自身的价值和需求，由反人类中心主义滑向反人类；另一方面，它的观点仅停留在概念和理论上，并未提供行之有效的实践指导原则。另外，“深绿”在抛弃人类中心主义的同时也抛弃了其中的合理成分，这使其思想在很大程度上呈现出了浪漫主义和理想主义色彩。而“亮绿”对于弱的人类中心主义的肯定在很大程度上保留了人类中心主义价值观中的合理成分，在肯定人类自身价值的同时兼顾环境保护。更为重要的是，弱的人类中心主义具有实践上的可操作性。这一点体现在，它把保护环境和对人类的行为进行合理的限制这样的理论诉求的实现建立在变革价值观念，优化制度设计以及发展新的科学技术等这些切实可行的具体路径上。

其次，在制度层面上，“亮绿”承认制度设计的重要性。环境制度设计和环境政策制定是解决生态危机的制度性保证。“亮绿”认为在解决环境问题的过程中一定要重视制度层面上的考量。前文已经指出，如果要解决生态危机问题，就要对人类自身的行为进行限制，要限制人类自身的行为，关键还要依靠制度的强制和约束。虽然生态危机并不存在制度上的根源，但是生态危机治理的状况却与社会制度设计的完善程度直接相关。因为，生态问题直接涉及自然资料的利用、利益的划分以及责任的分配，如果没有一个好的社会制度作为保障，那么它是不可能真正地得到解决的。因而，一个国家或一种文化中的生态危机治理状况直接反映了该文化或国家社会制度的完善程度。这里所说的社会制度主要指的是具体的环境制度。不过，由于具体的环境政策和环境制度的转变直接涉及一个国家或文化中的生产关系的调整，因而具体的制度又与基础性的社会制度息息相关。这意味着，要解决生态危机可能并不需要改变一个国家根本性的社会制度，但是生态危机问题解决的程度至少在某个侧面上反映了这种制度的先进性程度。因而，在“深绿”看来，生态危机治理中的制度性考量不仅是要提供解决环境问题的具体策略，而且应该上升到国家制度的战略层面。

我们从“亮绿”对于制度设计的强调可以看出它与其他观点的重要差异。对于“深绿”和“浅绿”来说，它们都缺乏社会制度的维度。可以说，这种制度维度的缺失是“深绿”在解决生态危机问题上无法提供切实可行的实践指导原则的主要原因所在。而对于“浅绿”而言，如果它缺乏对制度维度的关注，那么它从具体的路径中去解决生态危机问题的尝试将会缺乏实施上的力度。我们已经指出，不管是任何一种生态危机治理理论，它们最终的目的都是对人类自身的行为做出合理的限制，从更深层次上说是要对人类自身原始的动物天性做出某种限制或修正。不过，这种限制和修正的真正实施在很大程度上只能以优化和完善环境制度作为切入点。如果缺乏了制度层面所具有的外在强制效力，那么想要修正或限制人类根深蒂固的原始天性的尝试最终只会沦为一种不切实际的空谈。

同时，“亮绿”也承认个人意识的重要性。“亮绿”主张要重视个人观念、个人意识在生态危机治理中的重要作用。通常来说，要改变人们的行为可以从两个方面着手：内在的自律和外在的他律。我们前文对环境制度设计的讨论强调的就是制度的外在强制力在生态危机治理中的作用，并且，我们认为制度的强制力应该在其中发挥主要的作用。但是，我们也不应该忽视个人意识和个人观念的转变在其中所发挥的作用。“亮绿”所主张的个人意识的重要性主要是强调人类自身生态意识的觉醒，明确人类对自然造成的危害以及人类自身与环境之间的相互依赖关系，主动自觉地改变或重塑自己的行为或生活方式，从而实现整个生物圈的可持续发展。不过，我们应该清楚的是，不管是外在的制度约束还是内在的自我约束的最终目的都是让人们自觉地意识到自身天性中存在的缺陷和不足并最终自愿地改变自身的行为。它们的不同之处主要在于实现这个目的的具体方式，前者主张通过以国家的强制力为基础的成文的制度和法律的方式实现，而后者则依靠文化宣传、社会公众的舆论监督等方式实现。总之，“亮绿”主张在生态危机治理中强调制度设计的重要性的同时不应该忽视个人意识的作用。

“亮绿”对个人意识的转变在环境治理过程中的重要性的强调在某种程度上吸收了“深绿”观点的积极成分。前文已经指出，“深绿”的主要缺陷是它的思想仅停留在观念和理论上，并未提供行之有效的实践指导原则。“深绿”的这个缺点根源于它的基本理论旨趣，它主张通过实现价值观念的变革来改变生态危机的状况。而在如何实现价值观念转变的问题上，它主张人类的每一个个体进行生态意识的自我重塑。“深绿”思想的核心在于通过构建人与自然关系的新理念，并且通过这种新的理念去影响人们的价值观念，激发人们生态价值观的转变。这一点是“深绿”与“红绿”和“浅绿”的重要不同之处。虽然“红绿”也强调价值观念在环境治理的重要性，但是它更为强调的是制度设计的重要性。相反，“浅绿”并未把个人观念层面的因素放进它的生态危机治理方案中进行考虑。应该说，“亮绿”对于生态危机治理中的个人意识的重要性的重视在很大程度上弥补了“红绿”和“浅绿”在这个方面存在的不足。

再者，在对待科学技术的问题上，“亮绿”的最大特点是承认其在解决生态危机中的主导作用。在“亮绿”看来，最珍贵的自然资源不是水、能源和自然资源，而是人的灵感、创造性与创新能力。这些资源可使我们更为有效、更为清洁地使用其他的自然资源，改善目前的生态状况。像“深绿”那样对技术提出限制，将会阻碍进步，相当于剥夺我们让明天变得更美好的机会，并将未来生活质量下降的宿命强加于我们。他们这样做的一个重要理由是，利用技术来解决技术问题会带来新的技术问题。但正如罗宾·克拉克（Robin Clarke）所指出的，就环境问题而言，我们可以区分出“适切技术反应”（appropriate technology response）与“技术修复反应”。[①] 比如，用污染控制技术来解决污染问题是技术修复反应，而适切技术反应则是发明新的无污染的技术。同样地，对自然资源的技术修复反应是更精巧地利用资源，而适切技术反应则是设计只利用可再生资源的技术。适切技术是与环境相匹配的技术，它的应用目的不是让人去支配自然，而是实现人与自然的和谐。

“亮绿”对科学技术的强调在某种程度上正是对科学技术与人类关系的一种呼应。前文已指出，科学技术是人类身体器官的外化，它是人类在自然中得以生存和繁衍的基本方式。人类是以科学技术作为中介从自然获取自己生存和繁衍所需要的物质和能量的。科学技术是人类社会进步和发展的最终动力，它构成了人类文明进步和发展的基础，它的发达程度在很大程度上也代表了人类文明的发展程度。这就可以说明，何以“深绿”和“红绿”的反科学观点会不可避免地带有反人类的倾向。我们应该明确的是，不仅不应该把生态危机归罪于科学技术，而且生态危机的真正解决在很大程度上要依赖科学技术。不过，科学技术的发展应该建立在全面的、理性的社会发展观基础之上，并且要把生态的因素加入科学技术的发展过程中，促进生态技术、环保技术的改进和创新。因而，“亮绿”对于科学技术的强调就有着非常重要的意义了，这种意义体现在，如果把科学技术的发展建立在全面的、理性的社会制度和价值观念的基础之上，那么它不仅不会导致更为严重的生态危机，反而会成为人类治理生态危机问题的强有力的手段和工具。

最后，“亮绿”是进步主义的，它认为社会进步与环境保护并不冲

---

① CLARKE R. *Technical Dilemmas and Social Responses* [M] //CROSS N, et al. *Man-Made Futures: Readings in Society. Technology and Design*. London: Hutchinson Educational, 1974: 34.

突。在“亮绿”看来，持续的创新是持续繁荣的最佳途径。“亮绿”的支持者提倡绿色能源、绿色制造系统，生物和纳米技术、高密城市定居、闭循环物质圈和可持续的产品设计，他们强调可持续工程、污染保护、环保设计、回收设计，并认为人类通过创新、设计、城市复兴和绿色创业，可以在发展经济的同时不以牺牲环境为代价。实际上，“亮绿”想强调的是，人类社会的发展与环境保护是可以兼顾的。这种兼顾意味着，我们不会像生态危机产生之前的人类社会发展那样是以牺牲环境为代价的，也不会像“深绿”所坚持的那样保护环境是以牺牲人类文明为代价的。“深绿”是从一个极端走向另一个极端，把人类的文明进步视为环境保护的对立面，似乎只有牺牲人类文明的进步才是保护环境的唯一选择。因而，这种罔顾人类自身的需求和文明发展的程度，鼓吹回到没有污染、没有生态危机的“蛮荒”时代的反进步主义观点完全是不切实际的浪漫主义幻想。而“亮绿”所主张的进步主义的核心内容是，人类文明的进步所带来的问题只能通过人类文明的进步去解决，人类文明进步与生态危机问题的解决并不冲突，以牺牲人类文明的进步去解决环境问题的方案不仅是不现实的而且是反人类的。

还有一点需要指出的是，“亮绿”还持有一种乐观主义的理念。它在被提出后很快就被各种组织机构采用，成为媒体与互联网讨论的热点，包括《纽约时报》这样的主流媒体都进行了报道。近来，“亮绿”与绿色运动走得越来越近，成为绿色政治的一支生力军。绿色政治根源于一系列相互联系和相互交叉的社会运动，在其发展过程中逐渐形成了一个由暗到明的谱系，谱系的一边是“深绿”与深生态学，它们与激进主义和生态中心主义联系在一起；谱系的另一边是“浅绿”与浅生态学，它们与改良主义、人类中心主义联姻。“亮绿”则吸收了绿色谱系两端的相关要素。一方面，“亮绿”将消费主义看作是一种绿色实践，试图将它与可持续发展调和起来。另一方面，“亮绿”提倡社会网络、政治行动层面的系统变革，对各种绿色实践持实用的开放立场。“绿色”所表现出的乐观与包容使得它很快成为流行的公众话语。如今，越来越多的人在谈论如何利用绿色增长与绿色市场来解决经济、社会与环境问题。

“亮绿”对乐观主义的提倡一改绿色思潮中的悲观主义色彩。前文已经指出，绿色思潮中的很多观点，尤其是“深绿”观点对人类社会未来的发展持有悲观主义的观点。这种悲观主义观点根源于“深绿”思想尤其是其中的生态中心主义把科学技术的进步、人类文明的发展与环境保护对立起来了。在这些思潮的参与者看来，科学技术的进步和人类文明的发展是以牺牲自然环境为代价的，这种代价所造成的最终后果是，整个生态系统的崩溃以及随之而来的人类自身的灭亡。无疑，这样的人类未来图景是让人绝望的。而人类要避免自然生态系统的崩溃和人类自身的灭亡似乎只有一种选择，人类只能放弃已经取得的辉煌文明和先进的科学技术，重新回到没有科学技术和社会文明的“蛮荒”时代。这样的选择，对于早已从“蛮荒”时代走出并已习惯了现代文明社会的人类而言同样是黯淡的。“亮绿”所持有的乐观主义理念与此不同，它尝试把人类文明的发展与环境保护结合在一起，或者说把人类社会的可持续发展与自然生态系统的可持续发展联系在一起，从而消弭人类文化发展与环境保护之间的对立和冲突。同时，这种乐观主义还体现在，它尝试在人类自身的社会文明发展中找到兼顾文明进步和环境保护的具体路径。“亮绿”所坚持的乐观主义的最终目标是实现人与自然的和谐共存，并且这种和谐共存局面的出现不是回归没有科学技术和文明进步的“蛮荒”时代，而是在兼顾人类文明发展和环境保护基础上的新的人与自然的共存。

最后，我们还需要对“亮绿”在制度层面上的观点做一些说明。前文已论及，“红绿”认为，解决生态危机的关键是变革资本主义制度，实行生产资料公有制，建立“所有生命共生共荣及公正分配资源和机会的知识和价值观”。而“浅绿”和“深绿”则都不太重视社会制度在环境危机治理中的作用。“亮绿”接受了前者对价值观的作用的强调，而舍弃了其对社会制度作用的强调。它并不主张从根本上变革资本主义制度，而是试图在当下社会制度下实现现有的环境治理因素的全新整合。可以说，它针对环境危机所提出的方案是文化层面上的，而非社会制度层面上的。它整合现有的环境治理要素，要实现的是一种技术文化上的变革而非社会制度上的变革。对于这一点，我们在下文中会给出更为详细的论述。

概而言之，“亮绿”在西方的绿色思潮中开辟了一条全新的路径。它在生态观上的独特性体现在两个方面：第一，它把科学技术视为环境治理的关键性因素的同时，还强调个人意识和价值观的作用；第二，在科学技术和其他因素之间的关系上，它试图以科学为基础，整合其他的要素，以形成一个相互作用、相互协调的动态网络。当然，人们可能会问，如何才能使这种生态观付诸实践呢？如果仍以“浅绿”所强调的科学技术为基础，那么它是否能够实现呢？实际上，虽然同样强调科学技术的作用，但是与浅绿不同的是，“亮绿”试图提出一种新的科学技术观，进而实现一种技术文化的变革。因而，亮绿除了是一种新的生态观外，还代表了一种新的技术文化。

随着绿色思潮的发展，“亮绿”将在其中产生越来越重要的影响。可以说，绿色思潮是一系列相互联系又相互交叉的社会运动的产物，在其自身的发展过程中逐渐形成了一个由暗到明的色谱。这个色谱的一端是“深绿”与深生态学，它们把各种激进的环保主义观点与非人类中心主义价值观联系在一起；色谱的另一端是“浅绿”与浅生态学，它们坚持人类中心主义价值观又尝试对其进行弱化和改良。“亮绿”则吸收了这个色谱两端的全部合理要素，同时中和了两端的极端色彩。虽然其具体内容在未来可能会得到进一步的发展和完善，但是它在逻辑上代表了绿色思潮的终点和完成。这意味着，它将会成为绿色思潮未来发展中的主导性色彩。这种主导性色彩在实践中的主要表现是，一方面，“亮绿”将人类对自然的开发和利用看作是一种绿色实践，试图将它与可持续发展调和起来；另一方面，“亮绿”提倡社会网络、环境文化层面的系统变革，并且对各种绿色实践持有全面的开放和包容态度，以图在综合各方生态治理要素的基础上实现人与自然的和谐。“亮绿”所表现出的乐观与包容使得它很快成为流行的公众话语，并将使得其与有关生态危机治理的讨论越来越多地联系在一起。

## 第四节　本章小结

本章主要分为三个部分展开，在具体的论述中，我们首先介绍了绿色思潮的三种观点——“深绿”“浅绿”和“红绿”在生态危机的根源以及解决生态危机的具体途径等问题上各自所提供的答案；其次，我们在分析它们各自所提供的答案的基础上指出，生态危机既没有价值观上的根源，也没有社会制度设计以及科学技术上的根源，并进一步分析了它们各自所提供的生态危机治理方案的合理性和局限；最后，我们在吸收它们各自观点合理部分的基础上提出了一种“亮绿”的人类社会发展和生态危机治理理论。“亮绿”的主要特征是：它在价值观上坚持弱的人类中心主义理念；它强调社会制度设计、科学技术以及个人观念在人类社会发展和环境治理中的重要作用。在我们看来，与“深绿”“浅绿”和“红绿”相比，只有“亮绿”所坚持的社会发展和生态危机治理理念才是与人类自身的形象相符合的，而且只有坚持“亮绿”的发展理念才能重现人与自然和谐共存的局面。

在第一节中，我们指出，绿色思潮中的三种不同的观点对生态危机的根源、解决生态危机的途径都持有各自不同的立场。“深绿”与“红绿”都认为，当前的生态危机有深层的哲学根源：“深绿”认为是人类中心主义的文化价值观，而“红绿”则认为是资本主义制度及其所孕育的现代性价值体系。“深绿”和“红绿”还有另一个共同点，就是它们都对科学技术持有否定的立场，它们都认为生态危机是科学技术发展的必然产物，要解决生态危机就要对科学技术进行限制。作为对传统的文化价值观念的批判和变革，“深绿”坚持非人类中心主义，尤其是生态中心主义，而“红绿”则倡导马克思主义的生态价值观。与前两者都不同的是，“浅绿”并不认为生态危机有深层次的哲学和社会制度根源，因而，也不认为只有变革资本主义制度与限制科学技术的应用才是解决生态危机的必要选择。“浅绿”认为生态危机的根源只能从社会自身发展的具体状况中去寻找，它承认科学技术的滥用对环境造成的危害，但是它也认为只有变革和改进科学技术才是解决生态危机的必由之路。

总结以上讨论，我们得出的大致结论是：首先，生态危机并不存在价值观上的根源，人类中心主义并不必然导致生态危机，不过，关于价值观，特别是人类中心主义的讨论在某种程度可以加快生态危机解决的速度；其次，生态危机也不存在制度上的根源，但是有关环境设计和环境制度是生态危机治理中不可或缺的议题；最后，科学技术并非生态危机的真正根源，人们对科学技术的批判和排斥的态度是缺乏合理性的，如果人类以更加合理的方式对科学技术加以引导，它不仅不会导致生态危机，反而会成为治理生态危机的关键力量。

在第二节中，我们指出，“亮绿”在西方的绿色思潮中开辟了一条全新的路径。它在生态观上的独特性体现在两个方面：第一，它把科学技术视为环境治理的关键性因素的同时，还强调个人意识和价值观的作用；第二，在科学技术和其他的因素之间的关系上，它试图以科学为基础，整合其他的要素，以形成一个相互作用、相互协调的动态网络。当然，人们可能会问，如何才能使这种生态观付诸实践呢？如果仍以“浅绿”所强调的科学技术为基础，那么它是否能够实现呢？实际上，虽然同样强调科学技术的作用，但是与浅绿不同的是，“亮绿”试图提出一种新的科学技术观，进而实现一种技术文化的变革。因而，亮绿除了是一种新的生态观外，还代表了一种新的技术文化。

在第三节中，我们特别指出，“亮绿”完全可以与我国的绿色发展理念相契合。我国的绿色发展理念强调生态文明，强调环境保护的重要性。同时，绿色发展理念也强调充分利用科学技术在环境保护中的作用，并且绿色发展理念也强调完善环境保护制度在环境保护和环境治理中的作用。最为重要的是，绿色发展理念不仅强调“绿色”，而且主张把“绿色”与“简约”联系在一起。而这正是本书要强调的核心观点，即只有把“绿色”和“简约”结合在一起才能真正地提出一套健康的环境发展观，也才可能从根本上解决环境危机问题。总之，我们在本节所论证的“亮绿”以及在下一节中要说明的“简约”完全与我国的绿色发展理论相契合。我们的观点在很大程度上可以视为对绿色发展理念的阐发和丰富。

# 第四章　简约：实现“绿色”理念之路径

上一章得出的主要结论是，在西方现代绿色思潮中的“亮绿”才是真正与人类自身的形象相符合的“绿色”理念，而我们在这一章讨论的主要内容是实现这种“绿色”理念的具体路径。我们把这种具体的路径称为“简约”。“简约”概念来自20世纪八九十年代在西方兴起的“自愿简约运动”①（Voluntary Simplicity Movement）。这场运动的参与者认为，生态危机根源于西方“消费社会”（Consumer Society）中的“消费主义”（consumerism）生活方式，解决生态危机的途径是把个人的消费主义生活方式转变为一种“简约”的生活方式。“自愿简约运动”试图通过社会文化观念的根本变革来解决生态危机问题，因而它通常被视为一场文化运动而非传统意义上的环境社会运动。在我们看来，“自愿简约运动”为“亮绿”理念的实现提供了极富于启发的实践路径，只是它自身还存在着很多的不足，并不能为“亮绿”提供全面

① “Simplicity”一词也有翻译为“简化”和“简单”的，在中文用法中，“简约”包含比前两者更为丰富的含义。“简化”和“简单”主要指的是事物构成要素的减少，“简约”除了有这种含义外，还有更多一层的含义：这种构成要素的减少并不导致事物在功能上的损失。

的、完整的实践路径，这导致其所坚持的路径在社会实践中的具体效用存在着很多不确定性。本章的主要任务是在“自愿简约运动”的基础上发展出一种与“亮绿”理念相适应的生态危机治理实践路径。本章的第一部分将会对现代西方“自愿简约运动”的内容和核心主张做出说明；第二部分将会对其哲学基础做出分析和说明；第三部分会对“自愿简约运动”的实践效用做出说明并指出其不足之处，进而在此基础上发展出一种更为全面的、与“亮绿”理念相符合的新的“简约”观点。

## 第一节 “自愿简约运动”

“自愿简约运动”兴起于20世纪80年代末90年代初，到21世纪初达到顶峰，其影响一直延续至今。[①] 该运动尝试改变西方社会中占有主导地位的“消费主义”的文化观念，实现社会文化观念的真正变革，从而解决西方社会的生态危机。“自愿简约运动”的中心内容是，人类主动、自愿地选择一直简约的生活方式，在社会中构建一种新的文化价值观念从而达到人与自然和谐共存、协调发展的目的。“自愿简约”体现了“简约”生活方式的两个方面的含义：“自愿”意味着人类对简约的生活方式的选择是一种主动的、自觉的行为，它标示了人类在生态意识的真正觉醒后所采取的自我调整的行动的性质；“简约”则意味着在社会层面上人类放弃占有支配地位的消费主义生活方式，减少对物质资

① GRIGSBY M. *Buying Time and Getting by*: *The Voluntary Simplicity Movement* [M]. New York: State University of New York Press, 2004: 1.

源的占有和消费从而在自然层面上减少对自然的干扰和破坏。

“自愿简约运动”在西方社会文化中显示出了独有的特征和持久的影响，已经成为西方社会学和经济学的重要研究内容。① 然而，令人疑惑的是，它在当代环境运动和环境哲学研究中却鲜有被提及。由此引出的问题是：“自愿简约运动”是否存在着不同于西方传统的环境运动的独特特征以及它是否应被视为后者的一部分，更为重要的是它能够为当代西方生态危机的解决做出什么样的贡献呢？这些问题的答案我们只能从这场运动自身的性质和特征中去寻找。前文已经提到，所有关于生态危机问题的讨论都涉及两个问题：生态危机产生的根源和解决生态危机的方案。在学者们现有的观点中，其中一种把生态危机的根源归结为“消费主义”观念支配下的人类过度的消费行为。因而，这种观点所提出的解决生态危机的方案就是，变革导致人类过度消费行为的“消费主义”文化观念。“自愿简约运动”对生态危机根源的判断是以这种观点为基础的，这一点构成了它独特的理论特征。不过，使它与传统的环境运动区别开来的另外一个特征是，它解决生态危机的路径是通过思想传播和舆论宣传来实现个人生活方式的转变而非像前者那样通过群体性的运动或直接参与政治决策来改变政府当局的环境政策。从某种程度上说，“自愿简约运动”可以视为“深绿”尤其是深生态学思想的实践化。在“自愿简约运动”的思想中，我们可以看到明显的深生态学思想的痕迹。对于它们两者之间的理论联系，我们将在下一章中做详细介绍。

如果说，在实践上，“自愿简约运动”旨在应对生态危机，那么，

① ETZIONI A. *Voluntary Simplicity: Characterization, Select Psychological Implications, and Societal Consequences* [M] //HODGSON B. *The Invisible Hand and the Common Good.* Berlin: Springer, 2004: 377-405.

在理论上，它的兴起则与学者们对西方“消费社会”的批判有着直接关联。在他们看来，西方世界，尤其是美国的“消费社会”中盛行的“消费主义”文化观念是生态危机的根源。二次世界大战之后，西方世界进入经济快速发展的阶段，整个社会进入了学者们所谓的“消费社会”。而在消费社会中占有主导地位的文化观念就是“消费主义”。①在“消费主义”文化观念主导的社会中，人们生活的主要目的是取得物质上的进步，而这种物质上的进步在很大程度上是通过更多的消费来实现的。在这样的社会中，人们把拥有更多的金钱，购买足够的生活物质用品作为自己的生活目标，人们的身份和地位往往也是通过拥有多少可供消费的物质财富来衡量的。然而，我们知道，物质财富的富足通常是以消耗更多的自然资源和更大程度地破坏生态环境为代价的。这也就意味着，“消费社会”中的“消费主义”个人生活方式与环境的破坏和生态危机的产生有着密不可分的联系。在面对生态危机时，学者们把批判的矛头直指“消费主义”文化。他们认为西方社会面临严重的生态危机的原因就在于这种“消费文化”的盛行。在他们看来，只有改变这种社会文化状况，才能真正地解决生态危机。

“自愿简约运动”的兴起正是以对“消费文化”的批判和改正为理论基础的。在“自愿简约运动”的参与者看来，西方占有主导地位的“消费文化”是生态危机产生的根源。这种对生态危机产生根源的判定在很大程度上导致了“自愿简约运动”独特的应对生态危机的方式。这种应对方式要求人们应该改变这种占有支配地位的文化观念，从而改变目前的自然环境状况。这种应对方式的真正实现是通过“自愿简约运动”的参与者以自身的思想或行动去宣扬自然环境状况以及人类与

① DURNING A. *Asking How Much Is Enough* [M] //GOODWIN N, ACKERMAN F, KIRON D. *The Consumer Society*. Washington, D. C.: Island Press, 1997: 11.

自然相互共存的关系，促使人类生态意识的觉醒，进而使人们认识到目前自身所遇到的状况，并且主动地、有意地改变目前的状况。这种主动地、有目的地改变自身生活方式的行为体现了“自愿”的含义，自愿放弃“消费主义”生活方式的直接结果是减少不必要的消费；采取一种更加生态的、对自然干扰更少的生活方式则体现了“简约”的含义。“自愿简约运动”的最终目的是使人们放弃传统的以过度消耗和破坏环境为代价的“消费主义”生活方式，接受一种生态的、可持续的生活方式。“自愿简约运动”的主要参与者在这场运动中尝试重新定位什么是好的、对自然负责的生活方式，并且以自身的实际行动去影响更多的人去减少消费，从而加强环境保护。

我们从“自愿简约运动”的基本思想中可以看到，它在很多方面呈现出不同于传统的西方环境运动的一些特征。或许，正是它的这些不同特征导致了它不被西方主流的环境运动所接纳。当然，也正是它所呈现的不同特征才可能会给现代西方环境运动带来一些不一样的理论路径和实践效用。在下文中，我们尝试通过“自愿简约运动”与现代西方环境运动的一些基本特征的比较来说明它的主要特征和不同之处。

现代西方环境运动被视为一场社会运动，“自愿简约运动”也常常被视为一场社会运动，然而，“自愿简约运动”的参与者则认为它应该被定位为一场文化运动而非社会运动。① 因为，“自愿简约运动”在自身发展的过程中呈现一些不同于社会运动的基本特征。对于这些特征，我们可以从这样几个方面进行说明：运动的组织形式、运动的目标、运动的实践路径、运动的参与主体以及对待主流文化的态度。

从组织形式上来说，现代西方环境运动有着严密的组织，而“自

---

① GRIGSBY M. *Buying Time and Getting by: The Voluntary Simplicity Movement* [M]. New York: State University of New York Press, 2004: 8-9.

愿简约运动”则没有。这种组织可能是正式的，也可能是非正式的，其中，最为著名的环境组织非“绿色和平组织”莫属。这些环境组织都有着非常明确的思想主张和指导方针，并且宣传和鼓动吸收新成员的加入，从而影响公众并增加自身的影响力。每一个环境组织都有自己的领导者，这些领导者除了负责日常的组织工作外，还作为精神领袖为环境运动提供精神或观念上的指引。现代西方环境运动的领导者大多是著名的学者或者公共知识分子，他们不仅为环境运动的开展提供思想上或理论上的方向，而且还会领导组织成员直接参与到环境运动的实践中。反观“自愿简约运动”，它则呈现完全不同的特征。在组织上，“自愿简约运动”没有自己的组织和明确的指导方针，而是一些学习小组和研究团体，参与者也不通过公开的宣传和鼓动去宣扬自己的指导方针和招募新的成员，而是以自身的思想和实际行动去影响其他人的行为。它也没有自己的领导者，虽然它把一些学者的著作或思想视为运动的指导方针，但是这些学者所起的作用更接近于思想上而非实践上的指引。因而，有学者把“自愿简约运动”称为一场有着“宽松边界”① 的文化运动。

在运动的目标上，现代西方环境运动试图实现公共环境政策的转变，而“自愿简约运动”则追求文化观念或生活方式的转变。现代西方环境运动的最终诉求是改变政府当局现有的环境制度设计和环境政策，代之以更为合理、全面的环境制度设计和环境政策。因而，这种诉求不只是社会层面的，更进一步来说是政治层面的，环境问题的最终解决只有从政治层面着手，才能真正改变政府当局的环境制度设计和环境

① NEITZ M. *Quasi-Religions and Cultural Movements: Contemporary Witchcraft as a Churchless Religion* [M] // GREIL A, ROBBINS T. *Religion and the Social Order*. Bingley: Emerald Publishing, 1994, 4: 127.

政策。“自愿简约运动”则不追求政府当局环境制度设计和环境政策的转变，而是尝试通过文化观念的转变来实现个人生活方式的转变。“自愿简约运动”的最终诉求是转变现有的“消费主义”文化观念，代之以一种生态的、简约的文化观念。因而，这种诉求是文化层面的，而非社会或政治层面的。对于“自愿简约运动”而言，环境问题的真正解决只能通过文化观念的变革所带来的个人生活方式的转变。

在运动的实践路径上，我们可以把现代西方环境运动称为“群体式”的，而“自愿简约运动”则可以称之为“个体式”的。关于现代西方环境运动的“群体式”实践路径我们可以从两个阶段进行说明。在20世纪90年代以前，现代西方环境的具体实践路径不仅表现在它有着有严密的组织和领导者，而且表现在他们表达自身的诉求时主要是通过游行示威、静坐抗议以及舆论宣传等“群体式”方式进行。而在在20世纪90年代以后，虽然环境运动的具体实践路径有所改变，但这并未改变其“群体式”特征。这一时期环境运动的具体形式发生了重要的改变，环境运动的参与者不再以游行示威、静坐抗议以及舆论宣传等形式，而是以直接参与到国家政治中的形式来直接影响政府当局的环境政策。后一种实践路径最为直接的体现是在很多国家中出现的绿色政党，也就是我们通常所说的“绿党”（Green Party）。可以说，以直接参与国家政治，组建绿色政党来改变国家环境政策的方式仍然是以群体的力量对国家政治施加影响，因而其并未改变现代西方环境运动“群体式”特征。而“自愿简约运动”则完全采取“个体式”方式，它把“个体”视为文化运动的主体。这个“个体式”的方式可以从两个方面来理解：对于参与者来说，他们既不进行游行示威、静坐抗议以及舆论宣传等传统的环境运动所使用的方式，也不会积极参与到政府的政党政治中；从他们尝试达到的目标来说，它不是通过影响政府的环境政策进而对整个社会中的人们的行为施加影响，而通过参与这场运动的每一个个体在思想和行为上的表现对其他个体的行为施加影响，并且这种影响要改变的也不是政府当局的环境政策而是个人的生活方式。可以说，这是“自愿简约运动”和传统的西方环境运动最大的不同之处。当然，这或许也是它通常被视为一场文化运动而非社会运动的主要原因所在。

从参与运动的主体构成来说，“自愿简约运动”的主要参与者大部分为受过教育的、中产白人男性或女性，而传统的西方环境运动的参与者则没有这么明显的阶层特征。“自愿简约运动”之所以会呈现这样的特征，与其基本的理论旨趣有着直接的关系。我们知道，“自愿简约运动”把西方消费社会中崇尚过度消费的生活方式视为生态危机的真正根源。因而，它在解决环境问题时所提供的思想和理论主要是针对以过度消费作为生活方式的个体，而对于没有能力以过度消费作为生活方式的个体来说是没有吸引力的。那么，有人可能会说，这和“自愿简约运动”的参与者的独特构成成分有什么关系呢？在我们看来，这个问题的答案我们可以从西方社会的不同阶层的构成及其特征中去寻找。有学者认为，以美国为例，从它的消费和经济状况来看，可以分为三个阶层：“消费者阶层、中等收入阶层和穷人”。[①] 在“自愿简约运动”的参与者看来，相对于其他两个阶层，消费者阶层具有较高收入和消费水平，这使得西方社会中的“消费主义”生活方式主要在消费者阶层中盛行，因而消费阶层应该为生态危机的产生负有主要责任。同时，在这场运动的参与者看来，受过良好教育，具有较高收入的中产阶级白人男性和女性是消费者阶层的主要构成。因而，“自愿简约运动”主要针对的就是受过教育的、中产阶级白人男性或女性。当然，从另一方面说，

---

① ［美］艾伦·杜宁．多少算够：消费社会和地球的未来［M］．毕聿，译．长春：吉林人民出版社，1997：9.

也只有受过良好的教育和具有一定的生活水平的白人男性和女性才有能力和意愿去接受“自愿简约运动”所宣扬的观点并按照这种观点来指导自己的行动。由此带来的很有趣的一个现象是，不论是“自愿简约运动”参与者还是其支持者大多数都是受过教育的白人中产阶层男性和女性。“自愿简约运动”的参与者通过自身行动和思想宣传让中产阶级认识到自己的责任，并积极参与到改变生态状况的运动之中。而对于中产阶级的白人男性和女性来说参与到运动中也就意味着选择了一种更富责任的生活方式，这让消费者阶层中的个体在改变个人生活方式的同时可以获得新的阶层认同。

在对待主流文化的态度上，“自愿简约运动”与传统的西方环境运动也存在着重要的差异。前文已经提及，在现代西方环境运动过程中，尤其是早期阶段，以“深绿”思潮为代表的观点对占有主导地位的文化价值观念和社会制度持有强烈的批判和拒斥态度。这些观点中的一些极端表现是，一些反科学技术、反社会发展以及反文明的思想认为为了保护自然环境人类应该重回“蛮荒”时代。在如何对待主流的文化和社会发展模式上，“自愿简约运动”并不赞同“深绿”观点。有部分学者认为“自愿简约运动”的先驱可以追溯到亨利·梭罗（Henry David Thoreau）。[①] 因为，他主张人们应该脱离喧嚣的城市生活回归山水田园诗般的乡村生活，放弃社会经济发展，重新找回传统的物质匮乏却精神丰富的生活方式。梭罗的观点可以视为“自由简约运动”的先声，而且它也被现代环境运动中的很多观点，比如深生态学，视为理论上的源头之一。不过，在现代“自愿简约运动”的参与者看来，梭罗所提倡的简约只是一种传统的浪漫主义的简约。现代“自愿简约运动”在思

① SANDLER R. *Environmental Virtue Ethics* [M] // LAFOLLETTE H. *The International Encyclopedia of Ethics*. Oxford: Blackwell Publishing Ltd, 2013: 1665.

想内核上并不坚持梭罗的浪漫主义的环境保护观。在对待主流的文化和社会发展模式的态度上，现代西方“自愿简约运动”与梭罗的观点存在着明显的差异。虽然现代的“自愿简约运动”反对在西方社会中占有主流地位的“消费主义”文化观念，但是，它不反对西方主流的社会经济发展模式以及以其为基础的资本主义制度。也就是说，现代西方“自愿简约运动”坚持在主流经济发展模式不变的基础上变革社会文化观念。进一步来说，在这场运动的参与者看来，在“自愿简约运动”中对于自然环境的保护并不需要以反文明和反社会发展为代价。因而，我们在“自愿简约运动”的思想和实践中不会看到像激进的环境保护主义者所表现出的那些对科学技术和社会经济发展的反对和敌视。

交代了西方“自愿简约运动”的基本特征之后，为了能够更加全面地还原“自愿简约运动”的主体思想，尤其是“简约”的含义，我们还有两点需要澄清：

首先，简约并不意味着节约或生活质量的下降。我们日常所说的“节约”一般是与浪费相对，节约意味着节俭、不铺张浪费。不过，它有时也有“节省”的意思，其意指基于经济的原则而对合理需求的限制，具体来说就是人们对某些事物在实际上有需求，然而出于经济上的考虑而主动选择限制自身的需求从而达到增加经济积累的目标。这个意义上的“简约”可能意味着放弃合理的需求或生活质量的下降。简约的生活方式追求的是把自身的需求限制在合理的范围之内，简约是不过度需求而非完全限制或减少合理的需求。毕竟，人类也是生物圈中的一员，我们像其他物种一样也需要在自然界中获得物质和能量。人类对自然的开发和利用是由人类自身也是一种普通的生物物种这一性质所必然决定的，人类和其他物种在这一点上并不存在本质差异。人类对自然的开发和利用是自身获得生存和发展的前提。人类对自然的需求是必然的，完全限制自身的需求或减少合理的需求都是不符合人类的本性的。生态危机和环境破坏是由于人类对自然资源的过度开发和利用所造成的，应对这些问题的关键是限制人类自身不合理的需求。人类自身的合理需求还是应该得到满足的，因保护生态环境而限制人类自身的合理需求就有点矫枉过正了。

其次，简约不意味着拒绝发展和进步。简约的生活方式所针对的是现代社会中以消费主义为中心的生活方式。简约的生活方式的提出正是要在根本上改变现代社会中占有支配地位的文化价值观念。不过，这种改变不是要放弃人类已经取得的社会发展成果回归一种传统的乡村田园生活。简约的生活方式并不是要放弃社会进步和发展，而是认为传统的社会发展和进步是建立在错误的文化观念基础之上的。① 简约的生活方式同样追求社会的进步和发展，并且主张进步和发展要以生态的观念为基础，走一条“生态、绿色”发展之路。尤其是像中国这样的发展中国家，消费是推动整个社会发展和进步的重要因素，一味地反对消费既不合国情也不现实。简约的生活方式反对盲目消费、无节制的消费，主张以生态的观念为基础的生产和消费，只有如此才能在实现人类自身发展和进步的同时保证自然本身的可持续发展。

总结上文。现代西方“自愿简约运动”在很大程度上不同于西方传统的环境运动：它在组织形式上，没有后者所具有的严密组织和领导者；在运动目标上，它以改变个人的生活方式而非公共环境政策为追求；在实践路径上，它是“个体式”的而非“群体式”的；在参与运动的主体构成上，主要是中产阶级白人男性和女性；在对待主流文化的态度上，它接受而非反对和拒斥主流的经济文化和社会发展模式。概括

---

① ELGIN D. *Voluntary Simplicity: Toward a Way of Life That Is Outwardly Simple, Inwardly Rich* [M]. New York: William Morrow, 1993: 28-29.

来说，当代西方的“自愿简约运动”是一场以“个体”为主体以改变个人的生活方式而非公共的环境政策为导向，以变革西方社会中占有支配地位的“消费主义”文化为途径来解决生态危机的文化运动。

## 第二节 “自愿简约运动”的哲学基础

对于“自愿简约运动”的独特特征的介绍可能会让我们产生这样的疑问，为什么它的参与者会把西方社会中的“消费主义”文化观念视为生态危机的根源，又是什么样的原因导致它通过“个体式”的实践路径来解决生态危机问题呢？要想找到这些问题的答案，我们就不能不涉及“自愿简约运动”的哲学基础。或许是由于“自愿简约运动”更偏重于实践，也或许是其独特的“个体式”的实践路径，虽然提倡“自愿简约运动”的学者们在这个主题上发表了很多的学术论文和著作，但是在这些论文和著作中学者们很少有对这场运动的哲学基础提供系统论述的。有关这场运动的哲学基础的讨论只是零星地分布在不同学者的著述中。不过，从这些零星的论述中，我们可以明显地看到当代环境哲学，尤其是深生态学思想对于该运动的影响。下面，我们尝试以深生态学为参照来对这场运动所依赖的哲学基础做出描述和还原。不过，需要指出的是，虽然“自愿简约运动”在哲学思想受到深生态学的影响，但是它又与后者不完全相同，它的哲学部分呈现出了一些不同于后者的独特特征。

“自愿简约运动”的哲学基础的核心部分是关于“人与自然”关系的基本理解。在当代有关环境哲学的讨论中，学者们在论及人与自然关系时通常认为人与自然是相互联系、相互依存的。这种思想的产生和盛行显然受到当代生态学发展的影响。前文已指出，有关生态学的研究告诉我们，在地球表面，小到一个池塘，大到整个生物圈都是一个生态系统，其中的有机体与无机环境之间是相互联系、彼此共生的。甚至有学者提出整个地球及其环境也是一个有机的整体，这就是著名的“盖娅假说”。① 这些科学研究的成果带来了这样一个哲学启示：宇宙中的所有生命和非生命存在物之间都处于一种彼此共存的关系之中。“自愿简约运动”在哲学层面上也受到了这一生态学启示的影响。也正是因为这一点，也有学者把“自愿简约运动”称为“生态简约运动”。② 依据这种观点，“自愿简约运动”认为生物圈中的人与自然之间是处于一种彼此共存的关系之中的，人类作为一种物种的生存和发展需要从自然中获得物质和能量，而人类获得物质和能量是以消费自然资源为代价的，人类社会中的“消费主义”文化所塑造的个人生活方式激励和强化人类对自然资源的消耗和破坏。由此，人类的“消费主义”生活方式所付出的代价就是对自然资源的过度消耗和生态危机的产生。因而，要想解决生态危机必须放弃人类社会中占有支配地位的“消费主义”文化价值观念。

上文所言及的“自愿简约运动”关于人与自然关系的理解只是其哲学基础的基本内容，并不是其全貌。在“自愿简约运动”的提倡者看来，人与自然不仅是相互联系、彼此共存的，而且是以特定的方式彼此共存的。人类与自然彼此共存的特定方式是，自然是人类身体的一部分。这一观点明显受到深生态学的“自我实现”（self-realization）思想

---

① GAIA L J. *A New Look at Life on Earth* ［M］. Oxford：Oxford University Press，1979.

② ELGIN D. *Voluntary Simplicity*：*Toward a Way of Life That Is Outwardly Simple*，*Inwardly Rich* ［M］. New York：William Morrow，1993.

的影响。“自我实现”观点认为，人类通常所强调的自我只是“小写的自我”（self），人类应该把自然环境纳入小写的自我中形成“大写的自我”（Self）或者说“生态的自我”。在这个生态的自我中，“一个个体不仅包括我自己，一个个体的人，而且包括所有的人类、鲸鱼、灰熊，整个雨林生态系统，大山和河流，土壤中最微小的微生物等等”。① 人类由小我到大我的转变过程就是人类“自我实现”的过程。“自愿简约运动”的最终目的就是要使人类实现从小我到大我的转变。不过，这个转变过程中人类应该负起对自然应有的责任。因为，如果自然是人类自身的一个部分，那么人类对自然负责就是对自己负责。人类不仅要对生态危机和环境破坏负责，更要对人类与自然未来的命运负责。人类自身负责任的表现就是，主动、自觉地改变社会中占有支配地位的消费文化观念，采取一种生态的、可持续的生活方式。因而，可以说，“简约”的生活方式就是一种人类对自然负责的生活方式。

那么，“自愿简约运动”何以会采取“个体式”的实践路径呢？我们在“自愿简约运动”的这种独特的实践路径同样可以看到深生态学的影子。深生态学倡导的“手段简单，目的丰富”（Simple in Means, Rich in Ends）② 也可以说是“自愿简约运动”的先声。实质上，这一观点主张人类应该过一种物质上简单但精神上富足的生活而不是继续西方社会中占有主导地位的“消费主义”生活方式。它的核心内容是要求人们尽可能地减少人类对于资源和环境的破坏，改变消费主义和物质

---

① DEVALL B, SESSIONS G. *Deep Ecology* [M] //POJMAN L P, POJMAN P, MCSHANE K. *Environmental Ethics: Readings in Theory and Application*. Stanford: Cengage Learning, 2017: 233.

② NAESS A. *The Shallow and the Deep, Long-Range Ecological Movement* [M] //POJMAN L P, POJMAN P, MCSHANE K. *Environmental Ethics: Readings in Theory and Application*. Stanford: Cengage Learning, 2017: 218.

主义的生活方式，把人类的自我实现当作最终的目标。对此，比尔·德维（Bill Devall）和乔治·塞申斯（George Sessions）指出：

> 我们作为个体的人类和作为人类共同体，有着至关重要的需求，它除了包括食物、水、住所这些基本的需求外，还包括爱、游戏、创造性的表达、像和其他人的亲密关系一样和一个特别的自然景观（或者成为其内部实体的大自然）的亲密关系，以及对精神成长，对变成一个成熟的人的至关重要的需求。①

深生态学的这一观点，已经把“消费主义”文化价值观念作为批判的对象，同时提倡以一种物质上简单、精神上丰富的生活方式作为克服“消费主义”价值观的路径。需要指出的是，“自愿简约运动”把个体生活方式的改变作为解决生态危机的具体路径，那么这一判断直接决定了“自愿简约运动”的实践路径只能是“个体式”的而非“群体式”的。因为，个人生活方式的改变在很大程度上依赖于外在思想或舆论的影响以及个体思想觉悟的提高。从这里可以看出，“自愿简约运动”是在实践上把这一主张更加具体化、行动化了。换言之，“自愿简约运动”是深生态学的行动纲领在实践层面的实现，“自愿简约运动”受到深生态学代表人物奈斯的呼应并被其作为深生态学的行动纲领就是最好的例证。②

---

① DEVALL B, SESSIONS G. *Deep Ecology* [M] //POJMAN L P, POJMAN P, MCSHANE K. *Environmental Ethics: Readings in Theory and Application*. Stanford: Cengage Learning, 2017: 234.

② NAESS A, Ecosophy T. *Deep Versus Shallow Ecology* [M] //POJMAN L P, POJMAN P, MCSHANE K. *Environmental Ethics: Readings in Theory and Application*. Stanford: Cengage Learning, 2017: 227.

综观“自愿简约运动”的哲学基础可以看到，它以深生态学思想为依据提出了一种具有自身理论特色的生态伦理学。这种生态伦理学认为“宇宙中存在的一切事物之间都是相互依存的，人类既有责任也有力量以积极的或消极的方式去改变世界未来的演化”。[①] 这一伦理观与我们上文对人类自身形象所做的描述十分一致。就人类自身在整个生物圈中的形象而言，人类自身有能力也有责任去改变整个生物圈未来的命运和演化方向。至于人类应该以何种方式改变目前人类与自然之间的紧张关系，把人与自然重新引向协同进化的道路，不同的环境哲学理论提供了不同的方案。而“自愿简约运动”的坚持者认为，生态危机的真正根源是人类社会中占有支配地位的消费主义和物质主义的生活方式，只有采用一种简约的生活方式才能真正缓解人与自然之间的紧张关系，重塑人类与自然之间未来的演化方向。

即使“自愿简约运动”提供一种十分合理、适切的生态伦理学理论，人们仍然可能会提出这样的疑问，关于其哲学基础的讨论给出的不过是一些抽象的理论，它如何去指导其参与者在实践中将其理论付诸实施呢？“自愿简约运动”在这里可能会面临一个和“深绿”尤其是深生态学一样的批评，就是它的理论只停留在概念和理论层面，并未提供实践上的指导原则和行动策略。对此，有学者指出：“深层生态学并不提出精确的指导行动的原则，它更像一种精神倡导，鼓励人们贴近自然、尊重自然，从而克服文化带来的偏见和异化。”[②] 这一点引发了学者们对其的批评和诘难。在这些批评中，深生态学自身存在的最大问题或者最受人诟病之处是：

---

① GRIGSBY M. *Buying Time and Getting by*: *The Voluntary Simplicity Movement* [M]. New York: State University of New York Press, 2004: 26.

② 程炼. 伦理学关键词 [M]. 北京：北京师范大学出版社，2007：222.

尽管深层生态学在许多人那里激起了共鸣，但也有人怀疑它作为一种哲学理论或伦理学理论的效用，更有人认为它不像哲学，反而像一种宗教（奈斯本人深受斯宾诺莎和甘地思想的影响）。一方面，由于其含糊性，人们很难在实际情况下用它来决策。另一方面，这个理论的整体主义论题无法解释我们对体外的流行病病毒和体内的寄生虫的厌恶。①

如果“自愿简约运动”和深生态学一样，那么我们认为它也难逃同样的批评和责难。不过，与深生态学不同的是，“自愿简约运动”在实践层面给出了具体的行动指导或行动策略。这些指导原则和行动策略使“自愿简约运动”的参与者知道如何在实践上克服“消费主义”的文化观念，践行简约的生活方式。“自愿简约运动”所提供的这些指导原则和行动策略使其与深生态学区别开来，并且形成了自身独有的哲学思想。这种“自愿简约运动”独有的哲学思想或者指导原则就是其参与者所推崇和信奉的“绿色三角”（The Green Triangle）。

那么，何谓“绿色三角”呢？它最早是由恩斯特·卡伦巴赫（Ernest Callenbach）在其《生态乌托邦》（*Ecotopia*）一书中提出的。他在后续的著作中指出，“绿色三角”的三个顶点分别是：环境、健康和金钱，这个三个顶点是相互联系的，如果人们在行动上做出了有益于其中一个顶点的事情，那么人们将会不可避免地做出有利于其他两个顶点的事情。卡伦巴赫举例指出，“让我们假定你做了有益于环境的事，像你步行或骑自行车而不是开你的车。你将会减少污染排放，将会减少

① 程炼．伦理学关键词［M］．北京：北京师范大学出版社，2007：222.

烟雾对肺的伤害”。① 也就是说，当你为了保护环境而采取更加环保的生活方式或出行方式，那么你就会减少物质上的消费从而节省金钱上的投入，同时也可以减少对环境的破坏和干扰从而有利于你的身体健康。当然，我们从健康或金钱这个顶点出发也能发现这种相互联系的关系。为什么环境、健康和金钱之间存在着这些联系呢？因为它们体现出的是以金钱为媒介的人与自然之间的联系，你获得的金钱是以开发资源和污染环境为代价的，同时它们带来的副作用也会伤害到你的健康。而在“绿色三角”中的“金钱”这个顶点是直接和消费相联系的，在人类社会中人类获得金钱的直接目的是用于消费，而消费导致的直接结果是对环境的破坏和对人类自身健康的损害。也就是说，在“绿色三角”中，如果想要更多的消费和金钱，那么只能以更多地牺牲自然环境和人类自身的健康为代价；反之，如果想要更好的环境和更多的人类健康，那么人类只能减少消费进而减少对金钱的投入。然而，在西方的消费社会中，人们受到“消费文化”的激励而崇尚金钱和消费，由此导致的直接结果是对金钱的浪费，环境的破坏和人类自身健康的受损。而其中的关键就是消费以及支撑消费的金钱。如果我们仍然一味地渴望获得更多的金钱从而进行更多的消费，那么人类与环境之间将进入一个永远都打不破的恶性循环之中，而它导致的最终结果只能是生态环境的崩溃和人类自身的毁灭。打破这一恶性循环的唯一途径就是减少消费从而减少对金钱的投入。只有这样，人类与自然之间才能处于一种良性循环之中，它带来的最终结果是更好的环境、更多的人类健康和更为节俭的、简约的生活方式。这一点正合“自愿简约运动”的需求，“绿色三角”在简

---

① CALLENBACH E. *Living Cheaply With Style: Live Better and Spend Less* [M]. Berkeley: Ranin Publishing, 1993: 13.

约的生活方式与环境和健康之间建立了联系从而为其提供一个合理的理论上的框架和一种切实可行的行动上的指导。

也可以进一步说，“绿色三角”把“自愿简约运动”的理论基础与实践行动连接在一起。在理论上，在绿色三角中，金钱代表的就是消费，消费与环境和健康的关系是，人类只能通过消费自然环境才能换来健康的生活，不过，人类对自然环境的过度消费又会破坏环境进而损害人类自身的健康，在这个意义上，消费把自然环境和人类的健康联系在一起。在实践上，人类社会中的过度消费是以环境的破坏和人类自身健康的受损为代价，因而我们消费越多就会对自然环境和人类自身带来越多的伤害，反之，人类越是减少消费或限制消费，就会减少对环境和人类自身的伤害。实质上，我们可以看到“绿色三角”中三个顶点之间的关系，节省金钱和减少消费就是保护环境和保护人类自身的健康。为什么会这样呢？因为在某种意义上来说，人类自身最大的金钱或财富就是自然环境和人类自身的健康，或者说环境和健康就是金钱。“绿色三角”把人、自然与消费连接在一起，三个顶点之间的联系为“自愿简约运动”提供了理论基础，同时也为其参与者进行实践提供了一条具体的路径。甚至可以进一步说，“绿色三角”为“自愿简约运动”的哲学基础提供了具体的概念框架，只有在这个概念框架之下，“自愿简约运动”才能在实践上真正地得到实现。“绿色三角”为“自愿简约运动”提供了从崇尚物质主义和消费主义的生活方式转变为简约的生活方式，从“消费文化”转变为可持续的、对自然更为负责的文化的具体实践路径。

从“自愿简约运动”的哲学基础的讨论来看，它不仅包含理论的部分也包含实践上的指导原则。就这一点来说，它就与深生态学思想存在着重要差别。可以说，“自愿简约运动”在思想上源于深生态学而又不同于深生态学。“自愿简约运动”在很大程度上吸收了深生态学的思想，不过与后者不同的是它同时也提供了实践上的指导原则和行动策略。这种行动上的指导策略就是“绿色三角”。正是“绿色三角”的引入使“自愿简约运动”在基本思想上与深生态学区别开来。当然，也可以说，“绿色三角”也是“自愿简约运动”最具理论特色的部分。

不过，还有一个问题需要说明，“自愿简约运动”在思想上深受深生态学的影响，而作为“深绿”一部分的深生态学在价值观上秉承非人类中心主义，那么这是否意味着“自愿简约运动”在价值观上也坚持非人类中心主义呢？从对“自愿简约运动”的核心内容的分析来看，它主张人类应该主动、自愿地放弃崇尚消费的“消费主义”生活方式从而减少对自然环境和人类自身健康的损害。“自愿简约运动”这一主张的实质内容是人类主动地对自身无节制的消费行为做出限制，从而换来更好的自然环境和更为健康的人类生活。这一思想的产生受到深生态学的影响，同时在“自愿简约运动”的理论中得到贯彻。不过，与深生态学不同的是，它并不反对西方社会中的主流文化和经济发展模式。或者更具体地说，它反对崇尚物质和消费的“消费主义”文化观念，并不反对基于人类正常需求的合理消费。也就是说，“自愿简约运动”也像深生态学一样主张对人类自身的行为做出限制，但是，它与后者不同的是，这种限制的最终目的仍旧是为了人类自身的利益而非自然环境。比如，在“绿色三角”中，作为人类与自然中介的消费或金钱，“自愿简约运动”反对“消费主义”生活方式，提倡简约的生活方式的直接目的是保护环境，而其最终目的仍然是为了人类自身的健康。从这一点来说，简约的生活方式仍然是以人类中心主义为观念基础的。然而，需要强调的是，简约的生活方式在观念基础上也不完全坚持传统的强的人类中心主义，而是坚持一种弱的人类中心主义。因而，虽然

“自愿简约运动”在哲学基础上从深生态学中汲取了大量的养分，在根本的价值观问题上它却与深生态学有着重要的差别。

另外，“自愿简约运动”的一些基本思想也对其所能采取的价值观做出了限定。我们知道，“自愿简约运动”的一些基本思想主要来源于当代生态科学的发展。从生态学的角度来说，人在生物圈中所处的位置已经对“自愿简约运动”在价值观念所能采取的立场做出了限定。在我们看来，“自愿简约运动”在观念层面所坚持的弱的人类中心主义观点是它所能做出的最大的也是最后的让步，它不会也不可能超越人类中心主义的限度。这可以从它所依据的生态学基础那里得到说明。前文关于生态学，尤其是生态系统的讨论告诉我们，虽然人类已经发展出其他任何一种物种都无法比拟的获取物质和能量的能力，但是在生物圈中人类像其他物种一样都需要获得维持自身生存和发展所需要的物质和能量。从这一点来说，人类和生物圈中的任一物种一样都是其中的普通一员。从自然资源中获得物质和能量是人类得以生存和发展的前提，人类不会也不可能放弃这个前提。不过，基于对自身形象和环境状况的认知，人类意识到自身对于自然资源无节制的开发和利用最终会导致人类自身的灭亡。因而，人类在向自然索取自身需求的同时，需要对自身的行为做出限制，这个限度是把人类的需要维持在生物圈的生态阈值之内。总之，“自愿简约运动”所提倡的简约的生活方式在价值观上是弱人类中心主义的，它反对人类不节制地开发和利用自然资源，同时主张人类在利用自然资源时要自觉地把自己的行为限制在合理的范围之内。

总结上文的内容。在“自愿简约运动”何以会把“消费主义”的文化价值观念作为生态危机的根源，又何以把转变个人的生活方式作为解决生态危机的具体路径的问题上，我们把问题讨论的焦点转向了关于

“自愿简约运动”的哲学基础的讨论。首先，在哲学基础上，“自愿简约运动”深受深生态学思想的影响，它不仅认为人类与自然处于一种彼此共存的关系之中，而且认为这种关系的存在形式是：自然是人类的一部分。从这种人与自然的关系中，我们可以得出人类对自然的干扰和破坏导致的最终结果是对人类自身的损害，而对自然和环境带来直接损害的是人类社会中“消费主义”生活方式的盛行。其次，对生态危机根源的判定直接决定了“自愿简约运动”的具体实践路径只能是“个体式”的而非“群体式”的。这就解释了“自愿简约运动”何以采取了与传统的西方环境运动如此不同的实践路径。最后，我们讨论了“自愿简约运动”在哲学思想上与深生态学的差异。这种差异产生的主要原因是“自愿简约运动”引入了“绿色三角”思想。“绿色三角”把“自愿简约运动”的理论基础和实践路径结合在一起，由此导致其在根本价值观念上与深生态学存在的差异。虽然“自愿简约运动”在哲学思想上深受深生态学的影响，但是它在价值观上是弱的人类中心主义而不是非人类中心主义。“自愿简约运动”所坚持的弱的人类中心主义价值观念与人类自身在生物圈中的形象相符合，这在根本上构成其理论的合理性基础。

## 第三节 “简约”的两重维度

即使“自愿简约运动”为人们提供了合理的哲学基础和行动指南，人们仍然会有一个实践上的疑惑，人类为了保护环境需要对自身无节制地消费自然资源的行为做出限制，然而，人类自身也有自己的需求，人类的消费行为应该被限制到何种程度，才能真正做到在不损害人类自身发展的同时又能保护生态环境呢？直接地说，“自愿简约运动”所提倡的“简约”的限度是什么？更进一步来说，我们如何才能确定这个限度呢？

“自愿简约运动”的参与者们指出，这个限度只能依靠参与运动的个体自己去确定。对于社会中的每一个个体的需求来说都存在着“需要”（needs）和“想要”（wants）之分，“需要”就是对某个个体来说是生存和发展必不可少的东西；而“想要”则是那些超出生存和发展之外能够满足人们的欲望的东西。① 简约的标准的确定依赖于每一个人去综合考虑自己内在和外在的需求，依赖每一个人自己去区分什么是自己真正“需要”的而什么只是自己“想要”的。文化观念上的变革的真正实现依赖于每一个社会中的个体都真正行动起来，而简约则意味着每一个个体都主动地追求自己“需要”的而非一味地追求自己“想要”的。只有如此，人们才能够自觉地摒弃盲目追求物质和消费的文化观念，追求一种内在丰富的、更有意义的、对自然和社会更负责任的生活方式，从而实现社会文化观念上的真正变革。

不过，这里需要进一步说明的是，“自愿简约运动”所倡导的“简约”涉及两个不同的层次。或者说，这场运动的参与者所说的“简约”存在着两重不同的维度。简约的第一重也是最为重要的一重维度是：人与自然关系上的；另一重是人类社会内部的。前一种维度上的“简约”关涉的是人类作为一个物种与自然之间的关系，此意义上的“简约”主要是指人类在开发和利用自然时要自觉地把自身对自然的干扰和破坏限制在生态阈值之内。这一维度上的“简约”意味着

---

① ELGIN D. *Voluntary Simplicity: Toward a Way of Life That Is Outwardly Simple, Inwardly Rich* [M]. New York: William Morrow, 1993: 147-148.

人类尽量减少对自然资源的消费和开发，尽量减少对自然的干扰和破坏。这重维度上的“简约”是“自愿简约运动”追求的最终目标。在这个意义上，其他所有的环境运动的最终追求都是“简约”。不过，这个目标的真正实现有赖于人类社会内部的“简约”的真正实现。这一维度上的“简约”则体现为人类社会中的个体文化观念和生活方式上，主要指的是简约的行为或生活方式。比如，减少不必要的消费，选择更为绿色的食物和出行方式等。当然，这一维度上的“简约”至少可以通过两个方式来实现：法律政策的强制和个人的自觉。在这一重维度上，“自愿简约运动”与其他现代西方环境运动存在着重要差别。“自愿简约运动”认为人类社会内部意义上的“简约”的实现并不像其他环境运动所主张的那样需要政治上或政策上的强制推行，而依赖于改变文化观念中占有支配地位的消费主义生活方式。这也显示出了“自愿简约运动”与其他运动之间的另一个差异，它强调个体而非群体的作用，个体发挥作用影响其他个体，从而使人类整体上减少对环境的干扰，“自愿简约运动”的目标才能最终实现。从“简约”的两重维度来看，“自愿简约运动”认为只要做到第二重“简约”才能实现第一重“简约”，而第一重“简约”的限度也只有通过第二重“简约”的限度才能得到确定。

另外，“自愿简约运动”给出的“简约”的限度是其自身运动的特质所决定的。在“自愿简约运动”的行动主体上，它的出发点和最终归宿都是个体的。它对于环境问题的解决依靠个体生态意识的觉醒和个人内在的道德自觉而非法律和政策的外在强制。因而，对于“自愿简约运动”的参与者来说，并不存在法律和政策等这些外在强制意义上的行动纲领和行动指导，究竟要怎么践行“简约”或者什么样的行为或行动才能称得上简约，只能通过他们自己去衡量。也就是说，不仅

“自愿简约运动”的行动者是“个体式”的，而且他们的行动准则和行动指南也是“个体式”的。上文中所提出的“需要”和“想要”的区分也只是对“简约”的限度做了一个粗略的划分，究竟是什么是自身所“需要”的，而什么又是自身“想要”的，由于每一个个体自身的状况不同，对“需要”和“想要”的理解也不同，因而，这个限度还需要每一个个体自身去衡量和确定。也可以说，这个限度的最终确定需要每一个个体在自身的内在和外在之间找到一种平衡。实质上，按照“自愿简约运动”的倡导者和参与者们的理解，我们在日常生活中所表现出来的很多消费需求很大程度上是“消费文化”观念刺激的结果，并非发自我们内心的真正需求，如果我们反思自己的内心世界，那么我们会发现自身对于物质的需求并没有实际上那么多，同时我们对物质的过度追求也阻碍了我们对精神生活的追求。“简约”的生活使我们可以抵制消费文化的刺激和影响，追求一种更富精神内涵的生活，从而达到一种外在和内在的平衡。

如果“简约的生活方式”需要每一个个体自身去寻找内在与外在之间的平衡，那么不同个体间所具有的心理状态的不同或者外在环境的不同就可能导致不同的行为选择。这似乎意味着我们很难找到统一的标准去衡量什么样的生活方式才能被视为“简约”的。不过，这不意味着我们无法找到一些具体的、可以被视为“简约”的行为方式。我们可以从外在的物质和内在的精神两个层面对它们做出描述：

在外在的物质层面上：减少食用那些以高污染、高耗能的方式生产制作的食品和肉类；杜绝攀比式或竞争式消费，减少不必要的奢侈品的消费，比如珠宝、首饰和化妆品等；使用那些耐用的、易分解、可循环的物品；减少对于不可再生能源的使用，尽量使用替代性的可再生能源；减少使用一次性的产品，使用那些可以重复利用的物品；把自己日常生活中很少用到或自己认为已经没有用的东西赠送给他人或者卖掉让自己的生活环境更为简单和轻松；减少私人交通工具的使用，乘坐公共交通工具，骑自行车或者步行等。

在内在的精神层面上：真正地意识到人类不是自然的征服者，人类是自然的一部分，坚持人与自然和谐共存的观念；坚持循环、可持续的社会发展理念。坚持健全的个人生活理念，在追求物质富裕的同时更为注重精神生活的丰富。积极参与社会志愿活动，以更加负责任的态度对待社会和他人等。①

不过，即使如此，"自愿简约运动"关于"需要"和"想要"的区分以及它所提供的简约措施在"简约"限度的问题上仍然没有提供明确的说明。在如何区分"需要"和"想要"之间的限度的问题上仍然存在着很多的不确定性。或者更具体地说，这种不确定性主要体现在很多情况下人们很难严格地在"需要"和"想要"之间做出区分。这种不确定性主要来自人与自然两个方面。从人类自身的角度来说，不同历史时期的人们的需求是会发生变化的，上一历史阶段的"想要"可能会变成下一历史阶段的"需要"，即使同一时期的不同的个体之间的需求也存在着差异，比如，不同的个体之间的经济状况的不同或贫富差距都有可能导致在"需要"和"想要"的理解上带来迥异的结果。另一方面的因素就是自然，自然也是在不断地发生着变化，自然生态系统是一个开放系统，它的运行在很大程度上受到气候、阳光和空气等外在因素的影响，并且它还是一个非常复杂的系统，不论是其自身还是外在环境的改变都有可能会改变其原有的运行轨迹。因而，即使假定人类都有同样的需求，也不能保证人类的需求不会随着自然自身状况的变化而改

① ELGIN D. *Voluntary Simplicity: Toward a Way of Life That Is Outwardly Simple, Inwardly Rich* [M]. New York: William Morrow, 1993: 32-35.

变，因为人类的需求的满足在很大程度上要依赖于自然生态系统自身的状况。或许，我们可以假定自然生态系统在特定的时间阶段内是不发生变化的，尤其是在某一个特定的地质时代中，自然生态系统维持较为稳定的运行状态是完全可能的。不过，由于不同地域或同一地域中的不同个体之间在生存或发展状况上的不同而产生的具体需求的不同却不能忽视。因而，如果让每一个个体自己去确定需要和想要的限度，那么这将是一个非常有难度的任务。如果从人类与自然关系的角度来看这个问题，那么我们会发现在人类社会内部的每一个个体实际上很难确定究竟要“简约”到什么程度，才能在自然层面上真正有效地缓解或解决环境的危机。或者说，如果生物圈的平衡有一个阈值，每一个个体究竟“简约”到什么程度，才能把自身的行为控制在生态阈值之内呢？在我们看来，“自愿简约运动”对于这些问题都没有提供明确的答案。如果这些问题得不到解决，那么“自愿简约运动”所提供的一些基本原则和行动策略在实践上也很难真正地得到落实。

或许，对于我们的观点，有人可能会提出这样的异议，“需要”和“想要”之间的限度如何确定只是一个技术问题，它是一个经验问题，可以交给经验科学去处理，它没有得到解决，对“自愿简约运动”的观点并不构成原则性的威胁。即使承认这一点，我们认为“自愿简约运动”在实践上的“个体式”路径还存在着一些现实的难题。它的“个体式”的实践路径得以实现的前提是个人生态意识的觉醒和思想觉悟的提高，具体来说就是处于“消费文化”之中的个体能够认识到消费文化所带来的环境影响，并且能够自愿地抵制“消费文化”的影响，厉行简约的生活方式。也就说，对于一个处于“消费文化”中的个体来说，只有符合这两个要求，他才可能真正地参与到“自愿简约运动”中。不过，对于这两个要求，我们相信只有一部分人能够满足，而且他们可能具有这样两个特征：首先，能够意识到自身的消费行为的环境后果的人，一定是物质生活较为富足和生活优裕的个体，相反，对于处于贫困之中或者在贫困线上的挣扎的人，可能认为自身的消费能力连最基本的需求都不能满足，他们不会去思考“需要”和“想要”的限度；其次，能够参与到“自愿简约运动”中的个体还需要具备相当程度的文化知识水平，这样他们才能真正理解这场运动的主旨和内涵，并在实践上践行其基本主张。这两个特征也就解释了何以参与这场运动的主体是现代西方社会中的中产阶级白人男性和女性。这意味着，不满足这两特征的阶层，通常不会参与到这场运动中来。对于那些西方中产阶级以外的非消费阶层中的个体来说，他们不会也没有义务去厉行简约。由此，“自愿简约运动”则注定不能成为一个社会中的所有阶层都会参与的环境运动，它所可能带来的结果和影响也将是非常有限的。进一步来说，对于不同地域或文化，比如东西方国家中的个体来说，各自社会经济和文化思想发展状况的不同，也可能导致对“自愿简约运动”不同的理解和践行程度。这也就解释了何以“自愿简约运动”主要在欧美等发达资本主义国家盛行，而在大部分发达国家中则很少看到。这说明，“自愿简约运动”只会吸引人类社会中一部分个体参加到这场运动中来。同时，它又不像其他环境运动那样希望把自己的主张上升到政策层面，成为强制性的从而指导人们采取统一的行动。因而，如果仅仅依靠西方社会中的中产阶层的个人自觉，那么这场运动所带来的实际影响和作用终究是有限的，而且它究竟能为西方社会的环境状况带来什么样的改变仍然是未知和不确定的。或许，这就是“自愿简约运动”不被视为现代西方环境运动的一部分的真正原因所在。

虽然“自愿简约运动”对目前西方的环境状况所带来的影响是不确定的，但是这不意味着其在理论和实践上是无价值的。在我们看来，我们可以以“自愿简约运动”对“简约”的理解为基础发展出一种不同于前者的“简约”概念。这个新的“简约”概念在理论上能避免旧的“简约”概念存在的问题，在实践上能够更好地实现“亮绿”的生态危机治理理念。

我们已经指出，对“简约”含义的理解存在着两种不同的维度。人类作为一个物种意义上的“简约”和人类社会内部意义上的“简约”。人类社会内部的“简约”的最终目的是人与自然意义上的“简约”。上文已经指出，“自愿简约运动”也被有些学者称为“生态简约运动”。那么，“生态简约运动”在何种意义上是“生态”的呢？“生态简约运动”的目的是促使人们放弃“消费主义”的生活方式，把人类的社会行为限制在生物圈的阈值之内，在满足人类需求的同时，减少对自然的破坏和干扰，最终实现人与自然的和谐共存。“生态简约运动”在这个意义上是“生态”的。或者说，“生态简约运动”在促使人类按照生态学的规律来对待自然这一点上是“生态”的。这意味着，“自愿简约运动”或“生态简约运动”只有实现第一重维度上的“简约”，它才是“生态的”。那么，如何实现第一重维度上的“简约”呢？对于这个问题，我们上文也已经做出了初步的说明。第一重维度上的“简约”还要依赖第二重维度，也就是人类社会内部的“简约”。这样，第二重维度上的“简约”也就有了“生态的”意蕴，因为它是实现第一重维度上的“简约”的基础。当然，也只有后者真正得到了现实，前者才能真正算得上“生态”的。

那么，为了实现第一重维度上的“简约”，我们该如何做到第二重维度上的“简约”呢？如果说第一重维度上的“简约”是指人类在利用自然的同时尽可能地减少对它的伤害，那么第二重维度上的“简约”关注的则是人类社会内部的个体如何在行动上把自己的需求限制在合理的范围内。通常来说，实现这一维度上的“简约”的途径不外乎有两个：个人自觉和法律强制。“自愿简约运动”采取的就是前一种路径，这就是我们前文所说的“个体式”的路径。不过，我们也已经指出，“自愿简约运动”所采取的实践路径在第二重维度上所带来的“简约”的效果是有限的，这使我们并不能够真正地确定它是否能够实现第一重维度上的“简约”。这里，我们就会发现，个人自觉或“个体式”的路径自身所存在的局限。或者说，这就是以“自愿简约运动”为代表的“个体式”的或者主要依赖于个人自觉来解决生态危机的环境运动对于“简约”的定义的局限。

不过，这并不是说“自愿简约运动”在实践上完全是无用的或没有效果的。它虽然不能为整个社会的环境保护行动提供准确的指导原则，却可以为个体生活提供一些基本的准则。它们类似于西方社会中盛行的“素食主义”理念对于其信奉者所提供的一些基本准则。“自愿简约运动”的参与者通过其自身的实践来激发人们的环境意识和生态意识，促使其参与者和信徒认识到自身对于自然的责任，从而选择有利于人与自然和谐的行动。随着“自愿简约运动”的不断发展，它在欧美国家中产生了越来越大的影响，越来越多的人开始接受它并在实践上践行其理论。同时，“自愿简约运动”对西方的社会经济发展所带来的影响也变得越来越明显。

但是，我们要说的是，“自愿简约运动”在实践上所带来的这些效果并不能掩盖其局限性，要真正实现第一重维度上的“简约”，我们必须超越“自愿简约运动”对于“简约”的定义。在我们看来，全面的“简约”定义应该把法律强制的因素也包含进来。也就是说，“简约”中不但要包含个体自觉的因素，而且要包括法律强制的因素。这就是我们所说的全面的、新的“简约”。这种新的“简约”的实现不仅依靠个体自觉而且依靠制度和法律的强制。它最终追求的是人类社会中的每一个个体在行动上都自觉、自愿地摒弃以破坏环境为代价的生产和生活方式。但是，这种最终追求的实现却不能仅仅依靠个人自觉。如果仅仅依靠个人自觉，那么这不仅需要在较高的物质和文化条件下才能实现，而且其过程会较为缓慢，产生的效果也相对有限。同时，生态危机问题已经刻不容缓而且呈现不断恶化的局面，因而依靠个体自觉不可能在短期内遏止生态危机不断恶化的状况。这就需要外在的制度和法律强制力的介入，通过它们所带来的强制力迫使人们改变自身的行为，从而达到减少对自然的干扰和破坏的目的。同时，从制度和法律层面所产生的外在强制力约束，不仅可以起到相对明显和快速的环境治理效果，而且在个人的实践行动上能够提供较为明确的指导原则。总的来说，这种新的“简约”在实践路径上，不仅依靠个人自觉，更依靠制度和法律上的强制。这两种路径是相互补充的：制度和法律上的外在强制力可以通过个人的内在自觉来补充，使人们对待外在强制力的态度由最初的被动接受转变为最终的主动行动；而个人自觉的全面实现则需要制度和法律来维系，制度和法律上的强制最终所希望促成的结果是将这些外在的强制内化为个体的内在自觉。

另外，我们可以看到，这种新的“简约”在实质上就是“亮绿”意义上的“简约”。进一步来说，我们通常所说的“绿色简约”更为准确的说法应该是“亮绿简约”。因为我们所提出的新的“简约”概念是与“亮绿”理念直接契合的。“亮绿”理念强调在环境治理的过程中不仅要发挥个人意识的作用，也不能忽视制度设计和法律法规所带来的强制效果。总的来说，“亮绿简约”倡导人类应该在满足自身需求的同时尽量减少对自然的干扰和破坏，由此实现人与自然和谐共存的新局面，并且为了促成这一局面的出现，不仅要依赖人类社会中的每一个个体的自觉，而且要重视制度设计和法律强制力的作用。

## 第四节　本章小结

我们尝试找到实现“亮绿”理念的实践路径，这个路径就是“简约”。现代西方社会中的“自愿简约运动”为我们理解“简约”的含义提供非常好的借鉴。我们在介绍“自愿简约运动”基本内容的基础上，对其哲学基础进行了全面的分析，并指出“自愿简约运动”所倡导的“简约”在实践上所产生的效果是不确定的。这种不确定性产生的主要原因在于其依赖个人自觉的“个体式的”的实现路径。基于“自愿简约运动”所提出的“简约”概念的不足，我们尝试提出一种完整的、全面的“简约”概念。这种新的“简约”在实现路径上不仅依赖个人自觉，而且依赖制度和法律的外在强制力。这个全面的、新的“简约”概念是与“亮绿”理念相契合的。由此，可以说，一种真正合理的、全面的对“绿色简约”的理解应该是“亮绿简约”。同时，“亮绿简约”强调只有“亮绿”理念以及与该理念相契合的“简约”的实践路径才是一种与人类自身的形象相符合的，并且真正能够实现人类与自然和谐共存的选择。

我们以人类世概念为基础对人类在自然中的形象进行了全面的还原和描述。这种还原和描述告诉我们，自从进入人类世之后，人类已经从自然中的普通一员转变为整个自然的管理者和主宰者，人类和自然的未来命运都掌握在人类自身手中。面对整个生物圈的生态环境不断恶化的状况，人类应该对自己的行为做出反思，并且自觉地对自身对待自然的行为和态度做出限制。人类作为有理性的生物应该认识到自身天性中存在的缺陷和不足，以更加全面的、完整的理性态度对待自然和看待人与自然的关系。为了人类及整个生物圈的未来，人类应该转变传统的相互对立的人与自然关系代之以一种人与自然和谐共存的全新关系。

而“绿色”思潮的产生正是肇始于对这种新的关系的探索。我们在讨论中指出只有“亮绿”理念才能真正做到在保证人类自身利益得到满足的同时兼顾环境保护，最终实现人与自然和谐共存的新局面。“简约”则是实现这种新局面的具体路径。我们在论述现代西方“自愿简约运动”的过程中，提供了一种与“亮绿”相契合的新的“简约”概念。在具体的论述中，我们赋予了“绿色简约”更为丰富、更为具体的内容，也提供了对于人类如何实现人与自然和谐共存新局面的完整方案。“绿色”强调的是人类应该减少对环境的干扰和破坏，以更加生态的方式对待自然，而“简约”则强调的是人类如何在行动上实现这种对待自然的方式。由此，可以发现，“绿色”在实质上就是“简约”，而“简约”在根本上也就是“绿色”，它们是同一过程的两个不同方面。

最终，我们认为，人类只有真正做到“绿色简约”，才能真正促成人与自然和谐共存新局面的到来。或者说，“绿色简约”正是人类在面对生态危机时在人与自然关系上是所表现出的一种全新智慧，它是一种人与自然如何和谐共存的智慧。而这种共存的智慧将会在观念上对人类在自然的形象以及人类与自然关系的看法带来什么样的改变，是我们在下一章要重点讨论的内容。

# 第五章 绿色简约与“生态人”的诞生

如果说，“绿色简约”是人类在面对生态危机时所表现出的一种人类与自然共存的智慧，那么这种共存的智慧会对人类在自然中的形象以及人与自然关系的观念产生什么样的影响呢？这是我们这一章中要重点探讨的内容。或者更为直接地说，我们在本章中要探讨的是“绿色简约”在人类的观念层面上可能会产生什么样的影响。可以说，人类在自然中的位置或人类的形象是在人类与自然关系中呈现的。我们前文已经通过人类世概念对人类在自然中位置以及人类自身的形象做出了描述。这个描述表明，人类自从进入人类世之后已经成为整个生物圈的主宰者和管理者，理应对整个生物圈的良性运行负有更多的责任和义务。然而，事实上，人类在自然面前更多地呈现的是自身原始的动物天性，而并未呈现与其他物种有任何不同之处。人类自诩为有理性的动物，不过，人类自身的行为表现似乎并不与自身作为理性物种的身份相匹配。即使人类是有理性的物种，这种理性也是不全面的和有缺陷的。“绿色简约”的提出正是为了促使人类发展出全面的理性，改善人类与自然的关系，从而使人类具有更加符合自身本质属性的形象。在我们看来，“绿色简约”的提出和践行会最终促使人类改变对自然的态度和看法，从而产生一种新型的人与自然关系。同时，具有“绿色简约”这种共存智慧的人类也会获得一种新的形象从而成为一种与以往不同的人类——“生态人”。由此，这种“生态人”在面对自然时也会表现出一些不同于以往的生态德行。

在本章中，我们准备分三个部分来论述上述观点：第一部分，我们尝试对深生态学关于人与自然关系的理解做出介绍，并指出其存在的不足。第二部分，我们在深生态学理论的基础上，提出了“生态人”概念，这个概念在赋予人类一种全新的形象的同时可以弥补前者在理论上的不足。第三部分，我们试图对“生态人”在面对自然时所具有的一些全新的德行：节制、友善、谦逊、包容做出解释和说明。

## 第一节 深生态学及其问题①

在当代西方环境思潮中，深生态学在人与自然关系的理解上提供了一种非常富于启发性的观点，我们在本章中所提出的观点在很大程度上受到其影响。在我们看来，虽然深生态学的观点有其与众不同之处，但是它自身的理论缺陷也同样明显。深生态学的观点在我们的论述中是作为被批判和发展的对象而存在的，它是我们的观点和思想得以呈现和展开的理论基础。有了这个说明，如果有读者在我们下文有关“生态人”概念的提出以及“生态人”应该具有的生态德行的阐述中经常会发现深生态学的身影，那么他们应该就不会觉得太奇怪了。因而，为了更为

① 本节的部分内容曾以论文的形式公开发表于《云南社会科学》。参见李胜辉．深生态学与人类中心主义［J］．云南社会科学，2014（5）：39-42.

全面、系统地说明我们的观点，在本章开始的部分中对深生态学的观点及其缺陷做出详细说明就显得非常必要了。

深生态学被认为是当代西方环境主义思潮中最具革命性和挑战性的生态哲学思想。深生态学的提出旨在突破传统生态学的认识局限，对我们所面临的严峻的生态危机提出深层的问题并寻求深层的答案。作为深生态学运动代表人物的奈斯，在20世纪70年代首先表述了“深”生态学与“浅”生态学之间的区别。奈斯所谓的“浅”生态学运用生态学思想去“反对污染和资源消耗”，其中心主题在于“保护发达国家人民的健康和财富”。相比而言，“深”生态学则在生态学的基础上采取理性、整体的观点，它试图抛弃人类中心主义的“人处于环境的中心的形象”，而采用更为整体的和非人类中心的方法。① 奈斯所主张的“深”生态学和“浅”生态学之间的根本区别是：在对人与自然的关系的理解上前者是“非人类中心主义”的而后者是“人类中心主义”的。

奈斯的深生态学的一个关键特征是抵制原子论的个人主义。由于受到斯宾诺莎的形而上学的影响，奈斯认为原子论的个人主义思想极端地把人类自身与世界的其他部分隔离开来。原子论个人主义做出的这样一种隔离不仅导致了人们自私自利地对待他人，而且造成人们自私自利地对待自然。

作为一个对于个体水平的自私自利和物种水平的自私自利的反对者，奈斯建议采用一种关于世界的“整体形象”去替代原先的片面强调个体主义的思想。按照这种关系主义的思想，生物（人类或非人类）

---

① NAESS A. *The Shallow and the Deep, Long-Range Ecological Movement* [M] // POJMAN L P, POJMAN P, MCSHANE K. *Environmental Ethics: Readings in Theory and Application*. Stanford: Cengage Learning, 2017: 218-222.

在生物圈中最好被理解为“整体”。一种生物的身份本质上是由世界上与它有关的其他生物构成的，尤其是那些在生态学上与它有关的其他生物。深生态学家们认为，如果人们使他们自己和世界在关系项中得到认同，到那时人们将会更好地照顾普遍意义上的自然和世界。①

这样，深生态学似乎通过一种整体的观点，把人类融入自然之中，从而为抛弃人类中心主义提供了基础。

深生态学的核心思想体现于它的两个最高准则：“自我实现”（self realization）和“生物圈平等主义”（biospheric egalitarianism）之中。深生态学所说的“自我”是与自然界相联系的“自我”，“自我实现”的过程就是自我省悟，自己去理解自身的过程，在这个过程中我们认识到自己是更大整体的一部分。为了区别于传统的个人主义的“自我”，深生态学家一般用大写的“自我”（Self），以强调自己所主张的整体主义观点。深生态学的这个大写的“自我”其实质是在强调自然是身体意义上的“自我”的不可分割的一部分，我们应该把“自我”扩展到身体之外的地方。这种“身体自我”扩展的结果就是，形成一个更大的“生态学的自我”，自然是这个“自我”的一部分。尊重和保护我的“自我”就是尊重和保护自然环境，自然环境实际上是我的一部分而且应该把自然环境视为与我是一体的。“自我实现”把原本分离的人类和自然联系在一起，“‘自我实现’，换言之，是枯萎的人类个体与广阔的自然环境之间的重接。”②

① BRENNAN A and LO Y. Environmental Ethics [DB/OL]. The Stanford Encyclopedia of Philosophy, 2008.

② BRENNAN A and LO Y. Environmental Ethics [DB/OL]. The Stanford Encyclopedia of Philosophy, 2008.

对于“自我实现”的思想内涵，德维和塞申斯在他们总结性的观点中认为：

在与世界上的很多宗教的精神传统保持一致方面，自我实现的深生态学规范超过现代西方的“自我”，后者被定义为一种力求首要的快乐主义的或者一种狭义的个体在此生或下一生的个体救赎的孤立的自我。这是一个社会程序意义上狭义的自我，社会的自我扰乱我们并且使我们去追随我们社会或者社会参照群体中的时尚。只有当我们不再将自己理解为孤立的和狭义的相互竞争的个体自我，并开始把自己融入家人、朋友和其他人最终到我们这个物种时，精神上的升华或展现才会开始。但自我的深生态学意义需要进一步成熟和发展，要认识到除人类以外还有非人类的世界。①

他们的观点主要是在强调我们应该抛弃自私、狭义的社会学意义上的自我，只有把人类自身融入非人类世界中，我们才能实现大写的“自我”。在人类的“自我实现”的过程中，人类把非人类存在物看作是人类身体的延伸物，看作是人类身体不可分割的一部分。同样，也只有在这个过程中，我们才能把自身视为自然的一部分而非自然的主宰，我们才能真正抛弃人类中心主义的思维模式。

“生物圈平等主义”是深生态学倡导的另一个最高准则。这个准则认为所有的生物在它们自身的权利中都是同样具有价值的，这种价值是独立于它们对于其他事物的有用性的。“生物圈平等主义”要强调的

---

① DEVALL B，SESSIONS G. *Deep Ecology*［M］//POJMAN L P，POJMAN P，MCSHANE K. *Environmental Ethics：Readings in Theory and Application*. Stanford：Cengage Learning，2017：232-233.

是，在生物圈中所有的有机体和存在物，作为不可分割的整体的一部分，在“内在价值”上是平等的。每一种生命形式在生态系统中都有发挥其正常功能的权利，都有“生存和繁荣的平等权利”。奈斯把这种“生物圈平等主义”，看作是生物圈民主的精髓所在。用德维和塞申斯的话说：

直觉上的生物中心平等是生物圈的所有事物都有平等的生存权和繁衍权，都有平等地在更大的自我实现中达到他们各自的个体形式的展现和自我实现的权利。这一基本直觉是生物圈中的生物和实体作为相互联系的整体的部分在内在价值上是平等的。①

“生物圈平等主义”实质上是强调非人类存在与人类一样具有同等的“内在价值”和权利，人类应该像尊重自己一样尊重非人类存在物。

作为最高准则的“生物圈平等主义”与“自我实现”紧密地联系在一起，“自我实现”构成了“生物圈平等主义”的前提和基础。“自我实现”告诉我们非人类存在是人类“自我”不可分割的一部分。在这个基础上，“生物圈平等主义”认为在大写的“自我”中，非人类存在物与人类具有同等的“内在价值”，它们是平等的。可以说，“自我实现”是“生物圈平等主义”的基础，而“生物圈平等主义”是“自我实现”的升华。对此，德维和塞申斯指出：

以生物为中心的平等是与包括一切的自我实现相关的，在这个意义

① DEVALL B，SESSIONS G. *Deep Ecology* ［M］//POJMAN L P，POJMAN P，MCSHANE K. *Environmental Ethics*：*Readings in Theory and Application*. Stanford：Cengage Learning，2017：233.

上，如果我们伤害大自然的其他部分，那么我们就是在伤害我们自己。每一事物之间都不存在界限并且它们之间都是彼此相互联系的。而且，在我们所觉察到的作为个别的有机体和存在物的范围内，这一洞察让我们去尊重所有的人类与非人类享有作为整体的部分的个体的自我权利，而没有感到要去建立把人类置于最高层次的物种等级的需要。①

从这里，我们可以看出，深生态学正是通过这两个最高准则来拒斥人类中心主义的。

深生态学强调自然物与人类相互作用的整体主义观点，在当今的环境运动中产生了非常重要的影响，积极地推动了环境哲学和环境保护运动的发展。但深生态学的自身也存在许多问题从而招致很多人的批评。其中之一是人们批判其思想太过芜杂，思想主旨太过模糊而又游移不定。② 在环境伦理学的发展史中深生态学是一个很独特的派别，它自身没有什么具体的思想来源，它更像是很多思想的混合体，因此人们对于它的这种批评是不无道理的。深生态学还因其对人类中心主义伦理和主流世界观过于概括化的批判而招致了许多批评。③ 我们认为这些批评都有其合理之处，但他们的批评都没有真正切中深生态学的内在实质。当我们仔细审视深生态学的思想主张时就会发现在他们的思想准则中存在严重的逻辑矛盾。如果我们按照深生态学的思想逻辑进行推论，那么我们就会不可避免地发现他们思想主张中所隐含的人类中心主义逻辑，虽

---

① DEVALL B, SESSIONS G. *Deep Ecology* [M] //POJMAN L P, POJMAN P, MCSHANE K. *Environmental Ethics: Readings in Theory and Application*. Stanford: Cengage Learning, 2017: 234.

② [美] 戴维·贾丁斯. 环境伦理学：环境哲学导论 [M]. 林官明，杨爱民，译. 北京：北京大学出版社，2002: 255.

③ GUHA R. Radical American Environmentalism and Wilderness Preservation: A Third World Critique [J]. *Environmental Ethics*, 1989, 11 (1): 71-83.

然这种人类中心主义逻辑正是他们要极力反对的。

深生态学通过“自我实现”和“生物圈平等主义”两个部分所表达出的观点通常也被称为“生态中心主义”。作为“生态中心主义”的代表性理论之一的深生态学尝试把道德关怀的对象扩展向整个生物圈，把内在价值赋予其中的所有存在物，不管是有机生命还是无机环境。深生态学与其他非人类中心主义观点的不同之处是，它不再仅仅强调生态系统中的某一类存在物的内在价值，而是强调整个生态系统的整体价值。正像另外一位持有生态中心主义观点的学者奥尔多·利奥波德（Aldo Leopold）对此所指出的：“当一事物倾向于保持生物群落（biotic community）的完整、稳定性和美丽时，它就是正确的。当它倾向于其他时，它就是错误的。”① 可以说，以深生态学为代表的生态中心主义所坚持的“整体主义”观点成为它区别于其他环境哲学思想的重要特征之一。在这种“整体主义”的视角之下，具有道德地位的不再是某一具体的存在物，而是包括生物有机体和无机环境在内的整个生态系统。而生物圈中的每一个存在物，因其有利于维护整个生物圈的稳定和美丽而具有内在价值。生物圈中的每一个存在物都有其内在价值，人类并不是唯一具有内在价值的存在，这一点正是“生物圈平等主义”所强调的。同时，生物圈中的人类和其他存在物是相互联系的、不可分割的，它们是生物圈这个整体不可分割的一部分。由于生物圈中的其他存在物与人类一样都是具有内在价值的，所以这些存在物应该成为人类道德关怀的对象，人类对其负有不可推卸的道德责任，我们应该像爱护自己一样爱护它们，把它们视为人类共同体的一部分，而这正是“自我

① LEOPOLD A. *The Land Ethics* [M] //POJMAN L P, POJMAN P, MCSHANE K. *Environmental Ethics: Readings in Theory and Application*. Stanford: Cengage Learning, 2017: 247.

实现”所要求的。深生态学的“生态中心主义”拒斥人类中心主义的方式是强调人类并非像人类中心主义所强调的那样是唯一具有内在价值的存在物，生物圈中的其他存在物同样具有内在价值。在这一点上，人类只是生物圈中的普通一员，相对于其他存在物，人类并不存在真正的优越性和独特性。由此，在深生态学的逻辑框架中，人类从生物圈的主宰者和管理者转变为生物圈中的普通一员。

然而，在我们看来，如果我们接受深生态学所得出的结论：人类只是生物圈中的普通一员，那么依据这个观点，我们不仅不能得出人类应该把生物圈中的其他物种视为道德关怀的对象的结论，而且还会得出与深生态学所坚持的“生态中心主义”相反的观点——人类中心主义。或者更进一步地说，深生态学所提出的观点不仅不能为生物圈中除了人类之外的其他物种的道德身份提供辩护，而且可能为其所反对的人类中心主义观点提供理论支撑。下面，我们将分别对这两点做出说明。

如果人类只是生物圈中的普通一员，那么人类对于其他生物圈的中的其他非人类存在物并不负有道德责任。这样一个论断正是从“人类是生物圈中的普通一员”这个观点中得出的。所谓“人类是生物圈中的普通一员”，从生态学的角度来说，人类是地球这个生物圈中最大的生态系统中的一种普通的物种。如果说人类是生物圈中的一种普通的物种，那么这意味着人类与生物圈中的其他物种之间并不存在本质的区别。人类和其他物种一样占据特定的生态位，通过特定的食物链（网）获得自己所需的物质和能量。这也意味着，人类和其他物种一样遵从同样的自然法则，在与其他物种的生存竞争中获得自身的生存。这呈现的是人类与其他物种的共性，人类不过是另一种动物罢了，人类并未显示出任何与其他物种的本质差异之处。如果人类只是一种普通的物种，那么人类就是会像任何一个物种一样以自身的生存和繁衍为目标，人类不会为了其他物种的生存和繁衍而牺牲自身的生存优势，正像其他物种不会为了人类的利益而牺牲自身的生存优势一样。也可以说，如果人类是一种普通的物种，那么人类不会关心其他物种的利益，就像其他物种不会关心人类的利益一样。因而，如果承认人类只是一种普通的物种，那么作为一种普通物种的人类对其他物种就不负有任何责任，正像其他物种对人类不负有任何责任一样。如果人类对其他物种不负有任何责任，那么深生态学所强调的“自我实现”也就无从谈起。

进一步来说，如果深生态学仅存在上文所提出的问题，那么这对深生态学来说还不算太过严重。可是，在我们看来，从上述论证中所得出的更进一步的推论可能对深生态学来说就是致命的。这个致命的问题是，深生态学的观点中可能蕴涵着人类中心主义的逻辑，而这正是它要批判和超越的观点。我们上文已经指出，依据“人类是生物圈中的普通一员的观点”，人类只是一种普通的物种，与其他物种之间并不存在本质差异，如果说人类与其他物种有什么重要的差异的话，那就是相比于其他物种，人类具有无法比拟的获取物质和能量的能力和力量。在深生态学的理论逻辑中，它想要最终达成的目标就是对人类的这种能力和力量做出限制。然而，在我们看来，其内在的理论逻辑不仅没有达成限制人类能力和力量的目标，反而为人类无限制地使用这种能力和力量提供了辩护。为什么这么说呢？正如我们在上文所说，如果人类只是一种普通的物种，那么人类只会关心自身的生存和繁衍，根本不会为了其他物种的利益而牺牲自身的利益。如果人类是一种普通的物种，那么通过适应自然法则而获得生存和繁衍的人类只能以人类自身的利益为中心，人类利用自身演化过程中所发展出的能力和力量从自然中获得物质和能量正是自然法则塑造的结果。在这个意义上，人类持有人类中心主义的观念以及利用自身的力量无限制地开发和利用自然的行为不仅看起来没有什么错，反而有了科学和事实上的合理依据。因而，我们说深生态学的观点不仅没有为“生态中心主义”观点提供合理的说明，反而为其所批判的人类中心主义观点提供了某种辩护。或许，这样的逻辑后果可能是深生态学观点的支持者所没有意料到，更是他们不愿意看到的。

那么，人们不禁会问，作为一种激进的反人类中心主义的深生态学何以会蕴含着人类中心主义的逻辑呢？这个问题的答案还要从其对人类自身的形象的判定中去寻找。深生态学提出“自我实现”和“生物圈平等主义”的理论目的是反对人类中心主义，在理论上对人类的行为做出限制。我们知道，人类中心主义的观点是，人类是生物圈中唯一具有内在价值的物种，而深生态学则提出生物圈中的其他存在物，不仅有机物而且无机环境都有内在价值，人类应该像爱护自身一样爱护它们。由此，人类就成为生物圈中的普通一员，我们并不存在内在价值上的优先性。深生态学在理论上对人类行为所做的限制则体现在，人类将被视为生物圈中的普通一种物种，为了整个生物圈的稳定和平衡，它要求人类安守自己特定的生态位，不应该凭借自身所具有的强大力量去无节制地开发和利用自然。对于人类的这种限制抹杀了人类自身所具有的不同于其他物种的独特力量，忽视了人类依靠这种力量所取得的社会进步和文明成就，以牺牲人类自身的利益来维护生物圈的稳定和平衡。实质上，这要求人类放弃已经取得的社会进步和文明成就，重回人类世之前的“蛮荒”时代。换言之，深生态学为了调节人与自然之间的紧张关系所开出的药方是，人类重回还没有发展出强大的力量，人类还只是生物圈中普通一员，尚能与自然和谐共存的“蛮荒”时代。由此，我们就可以理解深生态学所表现出的激进性和反人类性了，同时我们也就可以发现其观点中浪漫主义和乌托邦气息产生的源头了。然而，我们知道，人类已经不可能重回蛮荒时代了，深生态学对人类的形象的判定仍能发挥作用。对于人类目前的存在状态来说，如果判定人类只是生物圈中的普通一员，无助于对人类动物式的对待自然的行为做出限制，反而为人类动物式地对待自然的行为提供了辩护。

至此，我们已经对深生态学的观点及其自身存在的问题做出了概要性的说明。深生态学所代表的“生态中心主义”观点试图提供一种人类中心主义观点的替代品。生态中心主义观点不仅要取代人类中心主义，而且想要进一步从理论上对人类动物式的对待自然的行为做出限制。深生态学所代表的“生态中心主义”以强调“生态”的内在价值的方式赋予了非人类存在物以内在价值，它试图把非人类存在物纳入人类道德关怀的对象之中从而强调人类对非人类存在物的道德责任。深生态学想进一步通过强调人类对非人类存在物的道德责任实现对人类无节制的行为做出合理限制的目的。然而，这种赋予非人类存在物以内在价值的方式是以降低人类在自然中的位置或者贬低人类的价值为代价的，它不仅没有为人类对自然的道德责任提供辩护，反而为人类中心主义观点提供了辩护。最终，深生态学强调限制人类的行为从而实现生物圈的稳定和繁荣是以人类重回“蛮荒”时代为代价的。明显地，深生态学的观点已经从反人类中心主义的一端走向了反人类的一端，由为了人类的利益牺牲环境的利益转变为为了环境的利益而牺牲人类的利益。同时，深生态学观点也从反人类中心主义的一端走向了人类中心主义的一端。由此，可以说，在人类应该以何种方式对待自然或者说人类应该与自然保持何种关系才能实现人与自然和谐共存的问题上，深生态学并没有提供合理的答案。

## 第二节 “生态人”

上文中，深生态学所面临的难题凸显的是人类在生态危机问题上遭遇的困局。这个困局的其中一个方面是如何保证人类自身的合理需求，人类中心主义观念固然有错，但是人类自身所具有的独一无二的力量以及建立在这种力量基础上的合理需求也是不能抹杀的，由反人类中心主义走向反人类显然不可取；另一方面是如何把握保护自然环境的合理性限度，人类无节制和不计后果地滥用自然资源的行为固然有错，但是为了保护自然环境而完全限制人类自身的行为同样不可取。那么，人类该如何走出这个困局呢？人类一如既往地坚持人类中心主义①肯定行不通，这条道路的终点是人与自然的共同毁灭；而深生态学所提出的道路：完全限制人类的行为，重回“蛮荒”时代，这条道路是以人类完全放弃已经取得的辉煌文明，重回一种“茹毛饮血”的原始生活为代价的。对于人类而言，这两条道路恰恰代表了两种最为极端的选择，不论哪一条道路都是不可取的。然而，是否摆在人类面前的就只有这两个选择，难道就不会存在着第三条出路？这条出路可以在人与自然关系的问题上既不坚持人类中心主义，又不导致反人类和反文明的后果，或者说它主张对人类的行为进行限制又不会过度地限制人类的行为，它反对

---

① 深生态学反对人类中心主义，不论是强的还是弱的，可是按照我们的观点，强人类中心主义应该被放弃并不意味着弱的人类中心主义缺乏合理性。本节及以下内容中所提及的人类中心主义都是在强的意义上被使用的，除非做出特别说明，否则我们在论及人类中心主义时都指的是这一种含义。

人类中心主义又不会带来人类中心主义或者反人类的后果。

在我们看来，这个第三条出路就是我们在上文所提出的“绿色简约”之路。我们所提出的“绿色简约”之路的背后蕴含着与前两条道路都不同的关于人类与自然关系的新理解。这种新的理解，强调了对人类行为的限制但是又为人类自身的合理需求留下了空间；主张反对人类中心主义又不会导致反人类和反文明的后果；坚持人类对于自然的责任和义务却并不需要赋予后者以内在价值。这第三条道路的全面奉行和实践将会产生一种全新的人与自然关系，人类将会在这种全新的关系中获得一种不同于以往的新形象。我们把具有全新形象的人类称为“生态人”。“生态人”不仅更新了人类在自然中的形象，而且带来了全新的人与自然关系。在这种全新的人与自然关系中，人类既不是自然的征服者，也不是自然中的普通一员。相对应地，自然既不是人类征服的对象，也不是人类应该予以道德关怀的对象。“生态人”对于生态危机的解决绝不是对原始的“蛮荒”时代的复归，而是对一种兼顾了人类社会发展和环境保护的全新的人与自然和谐共存局面的实现。

那么，“生态人”概念究竟有着什么样的具体内涵呢？在我们看来，它是一种奉行“绿色简约”的人，具有生态智慧的人，按照生态学的规律来理解和处理人与自然关系，以更负责任的态度对待自然的人。在我们看来，“生态人”至少存在着两个与以往的人类形象不同的特征，“生态人”所具有的内涵都体现在这两个独有的特征之中。下面，我们将通过对“生态人”的这两个特征的具体说明来勾画其独特的形象。

“生态人”的第一个独特特征是，它对人类与其他生物圈中的其他物种的不同之处持肯定的态度。对于人类所具有的其他物种无可比拟的能力和力量的肯定是我们真正能够解决生态危机，真正做到兼顾人类的需求与环境保护，实现人与自然和谐共存局面的基本前提，并且也是我们对人类自身的形象做出重新定位和评价的基本前提。在我们看来，环境哲学中的非人类中心主义思想在理论上存在的主要不足之处就是对于人类自身所具有的独特的能力和力量没有给出足够充分的肯定或者直接持有贬抑的态度。在如何对人类自身的独特之处做出合理评价的问题上，学者们的讨论似乎走入了一个非此即彼的怪圈之中，要么过分地强调人类的能力和力量，要么极度地否认这一点，始终没有一种理论可以在它们之间取得很好的平衡。人类中心主义固然暴露了人类无节制地滥用自身独特力量和能力的问题，但是非人类中心主义为了抑制人类对这些力量的滥用而对其持完全否定的态度也失之偏颇。实质上，环境哲学的核心问题是如何在人类自身的发展和环境保护之间做出合理的平衡。在这种平衡中涉及一个如何在两者之间做出取舍的问题，或者说涉及当人类发展与环境保护相冲突的时候哪一个具有利益上的优先性的问题。如果这个问题得不到解决，那么其他问题的讨论将都会处于混乱之中。

在我们看来，对人类自身独特力量的肯定就是强调人类在面对自然环境时应该具有利益上的优先性。这一点是由人类自身的生物属性所决定的。人类在生物圈中首先是作为一种物种而存在的，这是一个人类自身无法改变的基本属性和自然规定性。人类也像其他物种一样只有从自然中获得物质和能量才能保证自身的生存和繁衍。人类有着自身的利益和需求，而这些是人类得以生存和繁衍的基本前提。因而，人类首先要考虑的是自身的生存和利益，在这一点上人类和其他物种并不存在差异。而人类所具有的其他物种所无可比拟的力量也是在与其他物种的生存竞争中适应自然的产物。人类也正是运用自己所具有的强大力量极大地推动了社会的进步，使人类这个物种不断地得到发展和壮大。当然，人类力量的无节制运用的最终结果可能是整个自然生态系统的毁灭以及随之而来的人类的灭亡。因而，不论是为了生态系统的稳定和健康还是为了人类自身的生存和发展，人类都应该主动地对自身的行为做出限制。不过，这个限制必须是有限度的。这个限度就是不阻碍人类社会自身的进步和发展。显然，以阻碍人类社会的进步和发展为代价来保护环境是对人类自身力量和发展现状的否定。因而，可以说这样的一种选择是违反人性的、反人类的。我们当然愿意看到，人类在自身的生存和发展需求与环境保护之间最终可以找到一种完美的平衡。我们也相信人类最终可以找到这一平衡点。然而，这样的一种完美的平衡不可能是一蹴而就的，在寻找这个平衡的过程中，一定会出现人类的生存和发展需求与环境保护发生冲突的状况。在这样的状况下，人类的利益应该放在首位，人类的利益高于环境的利益。这样的一个判断和选择是由人类是生物圈中的一种具有独特力量的物种这一基本的生物属性所决定的。

另一方面，对人类自身独特力量的肯定并不与主张对人类的行为做出限制相冲突。“生态人”在对人类自身的独特力量做出肯定的同时，也承认人类独特力量的无节制的滥用所带来的后果。也就是说，“生态人”同样承认人类对于生态危机的产生负有不可推卸的责任。“生态人”认为对人类自身的行为做出限制是非常必要的，并且认为对人类行为的限制与人类自身的发展并不冲突。因为，对于人类自身的限制就是为了使人类能够更好地生存。在“生态人”看来，环境保护的最终目的并不是自然而是人类自身。由此，可以说，“生态人”在观念上持有一种弱的人类中心主义观点。而在“生态人”看来，实现限制人类的同时促使自然走向更为繁荣的局面的具体路径是“绿色简约”。只有实践这个路径才能实现我们既要保证人类自身的需求又要兼顾环境保护的理论设想，只有选择这个路径才能真正实现既对人类的过度行为做出限制又不会阻碍人类社会发展的期望，只有坚持这个路径才能真正重建人与自然和谐共存的图景。

进一步来说，“生态人”肯定人类自身所具有的独特力量既不会导致人类中心主义也不会带来反人类和反文明的后果。对于这一点，我们可以从深生态学与“生态人”对人类在自然中的位置的不同理解来进行说明。深生态学对于人类自身的独特力量是持否定态度的，并且认为这种力量应该被压制和摒弃。如此一来，人类只是一个生物圈中的普通物种，和我们在自然中见到的其他物种并无二致。这样，人类自身的独特性在深生态学的框架中将是不显现的。以这样的一个人类定位去论证人类对于其他存在物的道德关怀所导致的结果是，人类不仅不需要把其他存在物视为道德关怀的对象，而且人类以动物式的对待自然的方式反而具有了合理性。相应地，作为这种方式在观念上的表现的人类中心主义不仅没有被摒弃反而得到了辩护。因为，如果人类只是一种普通的物种，那么这意味着人类就是一种普通的动物，只能以动物式的方式对待自然。而“生态人”对于人类独特力量的强调则可以避免这种情况的发生。“生态人”不仅认为人类是生物圈中的一种物种，而且认为人类是一种具有独特能力和力量的物种。因而，可以说，人类并不是生物圈中的普通一员，而是具有独特能力和力量的一员。“生态人”坚持人类自身利益在环境问题上的优先性，主张保护环境不应该以阻碍人类社会的进步为代价。这一点就可以避免导致反人类和反文明的后果。另一方面，对于人类独特性的强调还包含着进一步的含义，作为一种智能生物的人类不仅具有无与伦比的力量，而且具有其他物种所不具有的理性能力。“生态人”强调人类应该全面地发展和运用自身的理性能力。这种全面的理性能力的运用主要体现在人类不再仅仅考虑自身的利益，而是把生物圈中与人类处于共存关系之中的其他存在物的利益都放进理性考虑的范围之内。只有具有了这种全面理性的人类才能成为“生态人”。

具有全面理性的“生态人”会对人类自身的行为做出反思，会考虑整个生物圈以及人类本身的命运，同时，能够在自身无节制的欲求与人类自身的未来命运之间做出理性的选择。人类对自身行为的反思和限制，表明了人类自身的全面理性能力的逐步实现和“生态人”的真正诞生。因而，可以说，“生态人”对于人类自身独特力量的肯定，最终会使人类自觉地对自身的行为做出合理的限制而不是强化，这样也就不会带来人类中心主义的后果。

“生态人”的第二个特征是，承认人类对自然的责任和义务但并不赋予自然存在物以内在价值。如果说“生态人”的第一个特征涉及的是如何看待人类自身的形象，那么它的第二个特征是，具有特定形象的人类如何看待自然。需要指出的是，这两个特征看似是两个不同的特征，实质上是同一问题的两个方面，一旦人类自身的形象能够确定，那么人类如何看待自然也只是人类形象的进一步推论。在这第二个特征中涉及的一个关键问题是，如果强调人类对自然的道德和义务，那么是否意味着一定要赋予自然中的非人类存在物以内在价值呢？这个问题产生的背景是，在环境哲学的讨论中，学者们为了反对价值论的人类中心主义，尝试把人类道德关怀的对象扩展向人类之外的存在物，赋予非人类存在物以内在价值，从而为人类对于自然的道德责任提供辩护。由此引出的争论，首先是，是否有必要把内在价值赋予生物圈中的非人类存在物呢？其次是，如果有必要这样做，那么生物圈中的哪些非人类存在物应该享有和人类一样的道德地位呢，是个别种类的存在物还是所有种类的存在物（既包括生物有机体也包括无机环境）？这里，我们不准备对所有的问题都做出解答，为了使我们所讨论的主题不致偏移太多，我们把关注焦点仍然放在是否有必要赋予内在价值以及一旦赋予其他存在以内在价值可能会对人类造成什么样的影响这一问题上。如果赋予其他事物以内在价值就会使人类变成生物圈中的普通一员，那么这就意味着对于环境的保护是以牺牲人类自身生存和发展的现实需求为代价的。这也意味着人类以道德的方式对待其他存在物所带来的只能是对人类社会的生存和发展的过度限制。当然，我们也可以从反面思考这一问题，如果不赋予非自然存在物以内在价值，那么这是否就意味着我们不能谈论人类对自然的责任和义务呢？或者说，强调人类对自然的责任和义务是否一定要通过赋予自然事物以内在价值这一道德途径来实现呢？

在我们看来，“生态人”的第二个特征为这个问题提供了答案。“生态人”承认人类对自然的责任和义务，并且认为这种责任和义务恰恰是对人类自身独特的能力和力量给予肯定的结果。首先，“生态人”认为自身也是生物圈的一分子，也和其他生物圈中的存在物一样在维系生物圈的稳定和繁荣中扮演着不可或缺的角色；其次，相比于其他物种而言，人类扮演着某种角色，而且是非常重要的角色。这种重要的角色是其他任何一个物种都不可能取代的，而人类之所以能够扮演这样的角色是因为人类具有其他物种都不能比拟的能力和力量。这种力量全方位地影响着生物圈的稳定和繁荣。可以说，包括人类在内的整个生物圈的命运都掌握在人类手中。生物圈是在生态危机不断恶化的情况下逐渐走向崩溃和毁灭，还是走向新的繁荣和稳定，这一切完全取决于人类的选择。也就是说，整个生物圈的所有存在物的未来和命运都掌握在人类手中。因而，由于人类对于整个生物圈的影响力，人类理应对生物圈未来的命运负有更多的责任和义务。人类有责任和义务去改变自身的行为和目前的环境现状，使整个生物圈重新走向稳定和繁荣。最后，人类也只有真正地意识到自己对于自然的责任和义务，并且真正地实践这种责任和义务，人类才能真正地成为“生态人”。

另一方面，“生态人”认为承认人类对自然的责任和义务并不需要以赋予自然存在物以内在价值为代价。“生态人”强调人类对自然的责任和义务的目的是使人类意识到自然的命运掌握的在人类手中，人类应该以对自然负责的方式对待自然。不过，这种方式并不必须是道德的。我们知道，人类作为地球生态系统食物链（网）中的一环通过吃与被吃的营养关系与其他物种形成了相互联系、相互依存的关系。因而，人类利用和消费自然资源是自然法则塑造的结果，利用自己所具有的力量从自然中获得物质和能量是人类的本能。也就是说，人类对于自然的利用和消费不仅是由自身的天性所决定的，而且也正是包括人类在内的物种之间的吃与被吃或捕食与被捕食关系的存在和维系才促进了地球生态系统的物质循环和能量流动，才使整个生物圈呈现生机勃勃的景象。从这个意义上说，不管人类是否赋予自然以内在价值，人类对自然事物的开发和利用都是一种不能改变的生物必然性。不过，虽然人类自身不能决定要不要利用和消费自然资源，但是人类能决定自身以何种方式利用和消费自然资源。人类对自然所承担的责任和义务正是通过人类自身所选择的如何利用和消费自然资源的方式表现出来的。承认人类对自然的责任和义务意味着主张人类不应该以动物式的方式对待自然，肆意滥用自己的力量，以破坏环境和生态平衡为代价来满足自身的一己私欲。人类以负责任的态度对待自然意味着人类会主动地改变自身动物式的行为，自觉地把自身需求的满足限制在合理的范围之内，最终实现整个地球生态系统的生态平衡。学者们赋予自然事物内在价值的目的是限制人类的行为，实现人与自然之间的和谐共存。不过，这个目的通过承认人类对自然的责任和义务这一方式就可以实现，并不需要赋予自然事物以内在价值。

进一步来说，为了强调人类对自然的责任和义务而赋予自然事物以内在价值还会产生一些不良的后果。对于这些问题的说明，我们仍旧可以以深生态学观点为参考。深生态学赋予自然事物以内在价值的理论出发点是，削弱人类在内在价值上的优越性，主张人类与非人类存在物在内在价值上是平等的。深生态学所提出的“生物圈平等主义”就集中体现了这一观点。“生物圈平等主义”看似是强调了非人类存在物享有与人类同等的内在价值，实则在很大程度上降低了人类的价值，对人类的行为做出了过度的限制。这一点主要表现在，如果非人类存在物与人类具有同等的内在价值，那么非人类存在物和人类具有同等的道德地位，因而人类应该像对待人类一样对待自然。这一观点的极端表现就是，认为任何对于自然的伤害都和对于人类的伤害一样是不道德，甚至是犯罪的。最终这样的观点会导致一个悖理的境况：如果赋予自然事物以内在价值，那么人类为自身的利益而对自然所造成的任何伤害，不论是适度还是过度的，都会被视为不道德的行为；而为了保护自然环境而不惜牺牲人类的利益，甚至是伤害人类的行为反而被认为是道德的。

总结上文，我们在本章中提出了一种不同于传统人类形象的“生态人”概念。“生态人”是一种全面的人类形象，它是一种在人与自然关系上具有生态智慧和全面理性的人类，是以负责任的态度对待自然的人类，是在实践上奉行“绿色简约”的人类，也是真正实现了人与自然和谐共存图景的人类。当然，“生态人”也是一种属于未来的，而我们在当下不断努力要成为的新人类。“生态人”具有两个基本的特征：一、肯定人类自身所具有的独特能力和力量；二、强调人类对于自然的责任和义务却不需要赋予后者以内在价值。“生态人”的这两个特征所带来的直接理论优势是：既能实现对人类行为的合理限制又不会导致人类中心主义或反人类的后果。相对于其他思想，尤其是深生态学对于人类自身的形象以及人与自然关系的乌托邦式的理解，“生态人”所持有的思想既不是浪漫主义的也不是悲观主义的，而是现实主义的和乐观主义的。“生态人”对人类形象的变革是使人类由自然的主宰者和征服者转变为自然的托管者，自然的形象也由被人类征服的对象转变为被人类照顾和呵护的对象。

## 第三节　“生态人”的德行

“生态人”是我们对未来的人类形象的一种美好构想，它为人类如何保持与自然的关系，实现人与自然的和谐共存提供了一种全新的规划。“生态人”的最终产生意味着人类对自然的责任和义务的真正实现。对于当前处于生态危机中的人类来说，“生态人”对人类的形象以及人与自然所做的构想和规划正是我们需要真正奉行和实践的。当人类最终成为“生态人”，也就意味着生态危机的解决以及人与自然和谐图景的真正实现。在我们看来，未来的“生态人”在面对自然时将会具有一些当下的人类所不具有的德行。这些德行是奉行“绿色简约”、拥有了人与自然共存智慧的人类以全面理性的、负责任的态度对待自然的产物。这些德行是对未来的“生态人”在如何看待人类在自然中的位置以及如何理解人与自然关系问题上所表现出的美好品行的概括和总结。可以说，“生态人”所具有的这些德行是人类与自然保持良性关系的一种必然产物。

在未来，已经实现了人与自然和谐共存图景的“生态人”应该具备这样的四种德行：谦逊、包容、节制、友善。需要指出的是，这些德行都是我们在谈论人类社会个体的德行时经常使用的概念。这些德行是人类社会内部对于个体在人际交往中所表现出的良好品行的肯定。因而，可以说，它们是个体在人际关系中所表现出的德行。谦逊所包含的主要含义是不自大、不自满；包容的主要含义是能够容纳异己；节制的主要含义是克制和不过度；友善的主要含义是友好和善良。在我们看来，这些人类个体在人际关系中所表现出的德行也适用于人与自然之间的种际关系。或许，有人会把人际关系的德行在种际关系中的运用视为人际德行向种际德行的直接扩展和延伸。不过，这种运用并非简单的扩展和延伸。因为，当这些人际关系德行的概念运用于种际关系时会呈现一些与其在人际关系中不同的全新内涵。下面，我们分别对这些概念运用于理解人与自然关系时所呈现的新内涵进行说明。

"谦逊"主要指的是"生态人"在确认自身在自然中的位置后在处理人与自然关系时所表现出的一种良好品行。这种德行的显现，其基础是人与自然关系所发生的转变。前文已经指出，人类来自自然，然而凭借自身在演化过程中所发展出的强大力量，人类开始逐渐摆脱自然的限制，并最终走出自然，建立了庞大的与其相对的社会文明。依靠这种力量，人类开始以史无前例的方式，大规模、全方位地改变着整个生物圈的面貌。人类肆意地运用自身力量直接导致了人类对待自然的态度的转变，自然由最被人类敬畏和崇拜的对象开始变成人类征服和掠夺的对象。同时，人类所具有的这些力量也导致了人类自我意识的不断膨胀，人类自诩为万物的灵长、上帝的造物，人类认为生物圈中除了人类之外的一切存在物都是因人类的存在而存在的，因人类的存在而有价值。人类在这种不断膨胀的自我意识的驱使下对自然展开了更大力度、更具破坏性的开发和掠夺。人类对待自然的态度和方式似乎告诉我们，人类自认为自身已经强大到不需要依赖自然也可以建立起强大的人类帝国。然而，人类并未意识到，人类并未真正脱离自然，人类在根本上仍旧依赖于自然，甚至可以说，人类的强大正是以这种依赖关系为前提的。有学者指出，人类在两种意义上对自然存在着依赖关系：一种是我们在生物学意义上对自然的依赖性关系；另一种是我们在精神上对自然的依赖关系。① 前一种依赖性关系是指，人类作为一个物种必然要从自然中获得物质和能量，否则人类将无法生存。在这个意义上，人类依赖于自然，人类离开自然将无法生存，人类不断破坏自然的恶果最终还要由人类来品尝，生态危机的产生已经说明了这一点。人类只有真正意识到自身与自然之间的这种依赖关系，超越作为自然征服者的人类形象，实现人与自然关系的转变才能扭转生态危机给人类所带来的困局。而第二种依赖性关系的呈现就源自人类自身形象的转变，人类不再以征服者的态度对待自然，人类把自然视为自身生存和发展必不可少的一部分，人类与自然之间的紧张关系不复存在，人类与自然之间真正实现了和谐共存。“生态人”的谦逊德行正是在这样的一种依赖性关系中产生的。

“生态人”的谦逊德行主要体现在人类具有无与伦比的力量这一客观事实与人类对于这一客观事实的自我评价之中。“生态人”意识到自身具有其他任何一个物种都无法比拟的独特力量，然而“生态人”也意识到人类所具有的力量的产生和运用都不是无条件的，这一切都是在人对自然的依赖关系中才成为可能的。“谦逊”德行体现在，“生态人”知道自己具有独特的力量，但是也承认这种力量的产生和运用都是以人类对自然的依赖性关系的存在为前提的。进一步来说，“生态人”的谦逊德行还体现在，人类意识到虽然人类具有强大的力量，但人类不是万能的，人类的强大力量只有依赖自然才能真正显示出来，脱离自然不仅这种强大力量无法显示，而且人类也将无法存在。从而，具有谦逊德行的“生态人”会以一种更加亲和的态度对待自然，也会摒弃万物皆因

① 郑慧子．走向自然的伦理［M］．北京：人民出版社，2006：195-198.

人类的存在而有价值的人类中心主义观念，放弃在征服自然的基础上建立人类帝国的妄想，改变自身以万物的灵长、上帝的造物自居的傲慢态度。

“包容”在人与自然关系上主要表现为“生态人”对生物圈中的生物多样性的承认和保护。生物圈中的生物多样性是生物圈这个地表最大的生态系统能够持续地保持稳定和繁荣状态的基础。我们知道，生物圈作为一个巨大的生态系统，它由复杂多样的生物有机体和无机物构成，它们之间相互作用、彼此联系才使生物圈成为一个有机的统一整体。生物圈由复杂的食物链（网）所构成，这些食物链（网）中的每一个节点都代表了一种独特的生物种类，而整个食物链（网）则代表了这些多样的生物种类所结成的多样的复杂关系。生物圈之所以能够持续地进行物质循环和能量流动保证其持续的稳定和繁荣的状态，就在于以下原因：

> 它有着极其丰富的物质构成，即系统构成的多样性，单纯的数量多在这里并不是特别重要的，或者说是不重要的，关键还在于在这个基础上有着种类多样化的特征，这是保证系统秩序与和谐的根本所在。秩序与和谐就存在于多样性之中。人类正是在这种多样性中，明确自己的本质和位置，同时也看到众多的他者的地位和意义。①

也就是说，生物圈中构成要素的多样性，不仅是整个生物圈能够保持稳定和繁荣的基础，而且是人类社会能够稳定和繁荣的基础。人类只有在生物圈中的生物多样性中才能确定自身的位置和本性，同时也只有

---

① 郑慧子．走向自然的伦理［M］．北京：人民出版社，2006：178.

在这些生物多样性的基础上才能获得人类自身的生存和发展。“生态人”也只有在认识到这种多样性的价值并且真正地在实践上维护这些价值时，“包容”的德行才会呈现。

“包容”德行强调的是“生态人”在面对自然时不把自然作为征服的对象，不以敌对的态度对待生物圈中的生物多样性，并且在实践上保护生物多样性。需要指出的是，“包容”在人际关系和种际关系之中分别有着不同的含义。在前一种关系之中，它主要指的是，对异己的人或观点持有宽容和理解的态度，不因他人在行为或观点上与己相异而去排挤、压制甚至是迫害他人；而在后一种关系之中，主要指的是承认与人类不同的存在物的价值和作用，人类不应该为自身的需求而过度地干扰和破坏这种生物多样性。当然，人类对于生物多样性的尊重和包容并不意味着不去消费或利用它们，对于生物多样性的尊重与人类对生物圈中的有机和无机资源的消费和利用并不冲突。我们知道，生物圈中的吃与被吃或捕食与被捕食关系的持续存在是生物圈稳定和繁荣的基础，在这种关系中被吃掉或被捕食的只是某一物种的部分个体而非整个物种，这些个体所属的物种种群规模不仅不会变小甚至灭绝，反而会在吃与被吃或捕食与被捕食的激烈生存斗争中不断壮大。因而，我们要说，包容在人与自然关系中并不像在人际关系中那样是对个体的尊重和宽容，而是对作为一个整体的独特的物种类群的尊重和保护。在人与自然关系中，“包容”并不意味着不能对特定类群中个体或部分进行捕食或利用，但是这种捕食和利用以不破坏特定类群的种群稳定性为前提。因而，“生态人”所具有的“包容”德行意味着，人类在开发和利用自然中的有机和无机资源时不去干扰或破坏特定类群或特定无机环境的稳定性，保证特定生物类群或者无机环境在生物圈中的功能的持续发挥。

“节制”在人与自然关系上主要表现为“生态人”主动、自觉地克制自身对于自然的过度消费和利用，把自身的需求限制在合理的范围之内。对于人类而言，不论我们是为了自然还是为了人类本身而对自身对待自然的行为做出合理的限制，这一举动本身就是对自然的一种善行。“生态人”所具有的“节制”德行标示了人类生态意识的真正觉醒，人类把自身的需求放在整个生物圈的整体之中去衡量，人类在衡量自身需求时不是仅仅考虑人的尺度，而是把人的尺度和自然的尺度都纳入自身的考虑之中。它也体现了人类对于自身行为的破坏性作用的认知和对人类对自然的责任和义务的确认。它意味着人类已经认识到自身天性中存在的缺陷，并且试图克服这种缺陷，形成健全、完整的人性。它还意味着人类作为理性物种的真正成熟，不再放任自己永不满足的欲望，而是有意识地摆脱原始动物天性的驱使。同时，“节制”体现了人类与其他物种的根本性差异，它把人与其他动物区别开来，使人真正成为人。因而，可以说，“生态人”的“节制”德行的出现意味着人与自然的和谐共存新途径的真正确立和人性的真正健全和完善。

“节制”德行在人类社会中的具体体现是整个人类社会和社会中的个体主动地减少对自然的干扰和破坏行为。也就是说，“生态人”所具有的节制德行主要在社会和个人两个具体的层面上表现出来。在社会层面，“节制”具体表现为人类主动地通过政治或制度手段以法律或政策形式来限定人类对自然资源的过度开发和利用行为；在个体层面，“节制”具体表现为放弃崇尚物质主义和消费主义的生活方式，减少不必要的消费需求，宣扬和奉行生态价值观。

“友善”在人与自然关系中体现为以一种友好、亲善的态度对待自然。“生态人”具有“友善”德行意味着人类并不以敌对的态度和征服的姿态对待自然。它表明“生态人”把人类与自然都视为整个生物圈中不可缺少的一部分，并且认识到人类的未来命运是与自然紧密联系在一起的，人类善待自然就是善待人类自身。人类以友善的态度对待自然才真正显示出了人类自身友好、善良的人性光辉。当然，人类友善地对待自然并不意味不去消费和利用自然，而是以一种更加亲善的态度通过一种对自然更少破坏、更少伤害的，符合生态规律的方式对待自然。

“友善”德行在人类社会中的具体表现是，“生态人”所要建设和实现的是一种环境友好型的社会。这种环境友好型社会可以从三个方面体现出来：在科学技术层面，“生态人”通过发展环境友好型技术来减少对自然的破坏和伤害，这些技术主要包括，低碳技术、循环技术和可再生技术。在社会制度层面，加强环境制度设计和环境立法，减少对自然资源的滥用和浪费；在观念上，坚持“绿色简约”的发展理念，加强人们的生态教育和环境保护意识。可以说，在“生态人”所建设的环境友好型社会中，环境友好型技术将会起到基础性的作用。因为，科学技术作为人类社会发展的动力所在，现有的技术是否能够转化为环境友好型的技术将会直接决定我们能否真正建成环境友好型的社会。而环境友好型的制度设计和法制、法规建设将直接决定人类所建设的环境友好型社会的深度和广度。因为，法律和制度所具有的外在强制力在生态危机治理中将会产生全面的、快速的和精确的效果，这种效果将在环境友好型社会的深度和广度上直接体现出来。环境友好型的社会观念在某种程度上对人类的环境友好型行为起到推动和强化作用，并且环境友好型技术和环境友好型的制度设计所带来的效果最终还要在观念层面上体现出来。

说完了这四种德行，现在我们对它们在人际关系和种际关系之中的不同含义做一个较为明确的说明。这四种德行在人际关系中所蕴含的主要含义是：不伤害。不论是“谦逊”“包容”还是“节制”和“友善”都强调的是人类个体在满足自身需求、达成自身愿望的过程中不能以伤害他人为代价。而这些德行在种际关系之中的含义却并非如此。我们在上文的论述中已经或多或少地表明，作为生物圈中的一个物种的人类对自然的利用和消费是自然法则所带来的必然结果。如果人类的消费和利用算是对自然的一种伤害，那么这种伤害就是必然的。如果人类伤害自然是必然的，那么人类不伤害自然就是不可能的。因而，这里就不存在人类德行中的不伤害问题了，在这个意义上，人与自然之间不存在人类内部的德行。那么，人类对自然的德行体现在什么地方呢？这种德行体现在，虽然人类对自然的伤害是不可避免的，但是人类主动、自觉地采取一种节制的、友善的而非无节制的、敌视的方式对待自然。也就是说，人类以非动物式的方式对待自然本身就体现了人类的善。不过，这种善并不是道德意义上的善，而是一种工具性的善，因为人类的善行最终仍旧是以人类为目的的。人类在与自然的关系中所表现出来的是一种带有弱的人类中心主义倾向的德行，因而人类对待自然所表现出的工具的善就和人类社会内部人与人之间的道德意义上的善有所不同。这就解释了何以人类社会中的人际道德规范不应该随意被扩展和延伸到人类与自然的种际关系之中的问题。

另外，还有一点需要指出的是，“生态人”对自然所表现出的工具性的善也不同于生命中心主义的“敬畏自然”和“尊重生命”以及生态中心主义的“生物圈平等主义”等所表现出来的非人类中心的、对自然完全道德意义上的善。如果要以完全道德的方式对待自然，那么就要赋予自然以内在价值。非人类中心主义赋予自然以内在价值并以完全道德的方式对待自然的根本目的是对人类无节制地利用和消费自然的行为做出限制，实现人与自然的和谐共存。可是，我们在前文已经指出，赋予自然以内在价值并以道德的方式对待自然所导致的是人类中心主义或反人类的后果。而“生态人”所显示出的工具性的善或德行不仅可以实现对人类的行为做出限制这一目的，而且不会带来非人类中心主义所面临的难题。在我们看来，面对自然，人类所能表现出的只能是工具性的善和德行，赋予自然以内在价值既反人性，也无必要。因而，“生态人”对于自然所表现出来的只能是工具性的善和德行。

最后，我们以说明“生态人”所具有的四个德行之间的内在联系作为结尾。“谦逊”和“包容”可以视为观念或理论层面上的德行，它们的主要内容是人类应该如何看待自身和自然；而“节制”和“友善”则更接近于行动或实践上的德行，它们的主要内容是人类应该如何对待自身和自然。可以说，这四种德行是“生态人”在理论层面和实践层面上与自然保持良性关系的四种不同的表现。或许，我们对“生态人”所具有的四种德行的概括并不全面，但是这四种德行已经足以说明“生态人”与当下人类之间在人性上的重要差别。可以说，这四种德行就蕴含在“绿色简约”的实践路径之中，它们是人类实践“绿色简约”的必然结果。“绿色简约”路径的真正实现也就意味着具有四种德行的“生态人”的诞生，而“生态人”所具有的四种德行将成为人类具有“绿色简约”这种共存智慧的直接体现。

## 第四节　本章小结

我们在本章中的大致思路是，首先以我们讨论作为生态整体主义代表的深生态学对于人与自然关系的理解，并指出其在内在逻辑上仍有较强的人类中心主义的倾向；其次，我们在深生态学理论的基础上提出了“生态人”概念，这个概念在赋予人类一种全新的形象的同时可以弥补前者在理论上的不足；最后，我们则试图对“生态人”在面对自然时所具有的一些全新的德行：节制、友善、谦逊、包容做出解释和说明。由此，我们在论证的逻辑上就由“亮绿”到“简约”再到“生态人”，形成了一个统一的逻辑链条。

在关于深生态学观点的讨论中，我们指出，深生态学所代表的“生态中心主义”观点试图提供一种人类中心主义观点的替代品。在人类应该以何种方式对待自然或者说人类应该与自然保持何种关系才能实现人与自然和谐共存的问题上，深生态学并没有提供合理的答案。

在本章中，我们尝试提出一种不同于传统人类形象的“生态人”概念，“生态人”是一种全面的人类形象。“生态人”对人类形象的变革是使人类由自然的主宰者和征服者转变为自然的托管者，自然的形象也由被人类征服的对象转变为被人类照顾和呵护的对象。在具体的论述中，我们还明确地指出，“生态人”对自然所表现出的工具性的善也不同于生命中心主义的“敬畏自然”和“尊重生命”以及生态中心主义的“生物圈平等主义”等所表现出来的非人类中心的、对自然完全道德意义上的善，“生态人”对于自然所表现出来的只能是工具性的善和德行。

在逻辑的终点上，我们以说明“生态人”所具有的四个德行之间的内在联系做出了明确的说明。“谦逊”和“包容”可以视为观念或理论层面上的德行，它们的主要内容是人类应该如何看待自身和自然；而“节制”和“友善”则更接近于行动或实践上的德行，它们的主要内容是人类应该如何对待自身和自然。可以说，这四种德行是“生态人”在理论层面和实践层面上与自然保持良性关系的四种不同的表现。或许，我们对“生态人”所具有的四种德行的概括并不全面，但是这四种德行已经足以说明“生态人”与当下人类之间在人性上的重要差别。

可以说，这四种德行就蕴含在“绿色简约”的实践路径之中，它们是人类实践“绿色简约”的必然结果。“绿色简约”路径的真正实现也就意味着具有四种德行的“生态人”的诞生，而“生态人”所具有的四种德行将成为人类具有“绿色简约”这种共存智慧的直接体现。更为明确地说，这种共存的智慧就是我们所说的“生态智慧 C”，它在逻辑上是对深生态学所提出的“生态智慧 T”的超越。

# 结　语

“绿色简约”是解决生态危机的必由之路。在当代，如何应对生态危机已经成为人类社会发展中的重要议题之一，“绿色简约”的提出为这个议题的解决提供了既明确又富有前途的答案。“绿色”主要是“亮绿”，它强调在人与自然关系上满足人类社会发展自身需求的同时兼顾环境保护。它在价值观上坚持弱的人类中心主义理念；它强调社会制度设计、科学技术以及个人观念在环境治理中的重要作用。“简约”则主要指的是以“亮绿”为指导的“简约”，它主张在实现“亮绿”发展的具体路径上不仅要依赖个人内在的道德自觉，而且依赖制度和法律的外在强制力。可以说，“绿色”就是“简约”，而“简约”也就是“绿色”；“绿色”是“简约”在理论上的诉求，而“简约”则是“绿色”在实践上的表现。“绿色简约”的真正践行和实现也就意味着生态危机的真正解决。

“绿色简约”体现了人类与自然共存的智慧。“绿色简约”是从人类与自然的关系中总结和提炼出的一种生存智慧，即人与自然如何和谐共存的智慧（生态智慧 C）。这种生态智慧源于生态学对人与自然关系所做的基本描述。作为生态学核心研究内容的生态系统是由生物有机体和无机环境相互联系、相互作用所形成的有机整体。生态系统的不同构成部分之间由于物质循环和能量流动形成了一种彼此共存的平衡状态。由于人类也属于地球上最大的生态系统——生物圈中的一部分，因而人类也与其他有机体和无机环境之间存在着相互联系和相互作用的关系。然而，人类与生物圈中的其他存在物之间的相互作用关系却有着非常不同的特征。自进入人类世，人类凭借自身在演化过程中所获得的强大力量从自然中脱离出来，成为一种与自然相对应的存在物，人类与生物圈中的其他存在物的关系就是人与自然的关系。人类自身力量的变化直接导致了人与自然关系的变化。自然对于人类的依赖关系体现在自然未来的命运掌握在人类手中，而人类对于自然的依赖则体现在人类未来的好坏取决于人类是否能够恰当地处理好与作为人类生存基础的自然的关系。换言之，人类想要获得美好未来的关键是人类要与自然保持一种良性的共存关系。对于实现这种共存关系的具体路径，我们所提供的是“绿色简约”。因而，可以说，“绿色简约”代表的是人类在人与自然关系中所获得的一种共存的智慧。

“绿色简约”的真正践行和实现意味着人类自身本性的转变，这种转变带来的直接结果是“生态人”的诞生。所谓“生态人”就是具有共存智慧、践行“绿色简约”的人类。与当下的人类相比，“生态人”具有两个与众不同的特征：一、肯定人类自身所具有的独特能力和力量；二、强调人类对于自然的责任和义务却不需要赋予后者以内在价值。这两个特征使“生态人”既不同于坚持人类中心主义、为人类无节制地利用和消费自然提供辩护的人类，也不同于坚持非人类中心主义、为了单纯保护环境而过度地牺牲人类利益的人类。作为“绿色简约”路径践行者的“生态人”持有一种弱的人类中心主义立场，它尝试在保证人类社会发展的合理需求的同时兼顾环境保护，它既不会单纯为了人类的利益而不顾自然环境对于人类社会的生存和发展所具有的价值，也不会单纯为了维护环境的价值而忽视人类自身的合理需求。“生态人”所具有的特征为人类更好地处理人与自然的关系提供了标准和规范。它也为当今的人类提供了一种理想的人类类型，只有真正地实现当今人类向“生态人”的转变，“绿色简约”才能真正得到践行，同样，只有真正践行了“绿色简约”的人类才能转变为“生态人”。

具有“绿色简约”共存智慧的“生态人”在人性上的重要表现是生态德行的呈现。与当下的人类相比，“生态人”在面对自然时会表现出四种不同的生态德行：“谦逊”“包容”“节制”“友善”。它们的主要内涵是：“谦逊”是人类在认识到自身具有强大力量的同时，承认这种强大力量的产生与维持是以人对自然的依赖关系为基础的；“包容”是人类要容纳、保护作为整个生物圈稳定和繁荣的基础的生物多样性；“节制”是人类主动、自觉地限制自身对自然资源的滥用和浪费行为；“友善”是人类以一种友好的、良善的而非征服的、敌对的方式对待自然，建设一种环境友好型社会。这四种德行相互联系、彼此结合，共同构成了“生态人”的人性基础。这四种德行是当下的人类转变为“生态人”之后的必然产物，是人类实践“绿色简约”的必然结果。因而，从某种意义上说，“绿色简约”路径的实现也就意味着具有四种德行的真正意义上的“生态人”的诞生，而“生态人”所具有的四种德行也将成为人类具有“绿色简约”共存智慧的直接体现。

“绿色简约”是一种关于全新的人与自然和谐共存图景的智慧。对于这种全新的共存智慧的独特特征，我们可以通过对人与自然关系的三个不同阶段的划分来进行说明。这种划分得以展开的关键时间节点就是我们在上文已经做出详细说明的人类世。以人类世的开始为分界线，在其前后，人与自然之间的关系发生了根本性的变化，从而形成了人与自然关系的前两个阶段，而对第二个阶段的超越促成了人与自然关系的第三个阶段的开始，也正是在这个阶段中才出现了全新的人与自然和谐的新图景。在进入人类世之前，人类只是自然中的一种普通物种，人类也和其他物种一样依赖于自然，遵从优胜劣汰、适者生存的自然法则，人类并未显示出任何与其他物种的不同之处。在这个阶段中，人类与自然之间存在着一种共存关系，主要表现为人类依赖自然，从属于自然。而在进入人类世之后，人类获得了一种空前强大的力量，人类不再是自然中的一种普通物种，人类开始脱离自然并把自然作为掠夺和征服的对象。在这个阶段中，原初的人与自然之间的共存关系不再存在，人类成为自然的统治者和主宰者，人类中心主义成为人类的主导观念，人与自然关系发生了根本性的转变。这种转变带来的直接后果是，自然生态系统在人类的肆意干扰和破坏下逐渐走向崩溃。而这个后果带来的更为深远的影响是，以自然为生存基础的人类的命运在自然生态系统崩溃之后也将变得岌岌可危。“绿色简约”为这些问题的解决提供了契机。它试图把人与自然的关系推向第三个阶段。在这阶段中，人与自然将会呈现一种全新的共存关系。“绿色简约”为这种全新的共存关系的实现提供的方案是，在承认人类自身有着独特的力量和现实的需求的前提下，把人类对待自然的行为限制在生物圈的生态阈值之内。我们可以在三个阶段中发现两种不同的共存关系，与之相对应的，人类也就可以从其中获得两种不同的共存智慧。实质上，深生态学所提出的“生态智慧 T”是关于第一种共存关系的智慧，而我们所提出的以“绿色简约”为内容的“生态智慧”是关于第二种共存关系的智慧。在第三个阶段中产生的全新的人与自然的关系可以说是对于第一阶段和第二阶段人与自然关系的超越，而“生态智慧 C”也可以视为对“生态智慧 T”和“人类中心主义”的超越。“绿色简约”就代表了这种全新的人与自然的共存智慧——“生态智慧 C”。

# 参考文献

一、中文文献：

著 作：

[1] 程炼．伦理学关键词［M］. 北京：北京师范大学出版社，2007.

[2] 程炼．伦理学导论［M］. 北京：北京大学出版社，2008.

[3] 郇庆治．环境政治学：理论与实践［M］. 济南：山东大学出版社，2007.

[4] 郇庆治．文明转型视野下的环境政治［M］. 北京：北京大学出版社，2018.

[5] 孙道进．马克思主义环境哲学研究［M］. 北京：人民出版社，2008.

[6] 王正平．环境哲学：环境伦理的跨学科研究［M］. 上海：上海人民出版社，2004.

[7] 肖显静．环境与社会：人文视野中的环境问题［M］. 北京：

高等教育出版社，2006.

［8］杨通进．当代西方环境伦理学［M］．北京：科学出版社，2017.

［9］叶平．环境的哲学与伦理［M］．北京：中国社会科学出版社，2006.

［10］余谋昌．环境哲学：生态文明的理论基础［M］．北京：中国环境科学出版社，2010.

［11］郑慧子．批判与建构：一个关于文化的未来发展的构想［M］．郑州：河南大学出版社，2000.

［12］郑慧子．走向自然的伦理［M］．北京：人民出版社，2006.

［13］郑慧子．遵循自然［M］．北京：人民出版社，2014.

**译　著：**

［1］［美］尤金·奥德姆，［美］盖瑞·巴雷特．生态学基础［M］．陆健健，等译．北京：高等教育出版社，2009.

［2］［美］艾伦·杜宁．多少算够：消费社会与地球的未来［M］．毕聿，译．长春：吉林人民出版社，1997.

［3］［美］戴维·贾丁斯．环境伦理学：环境哲学导论［M］．林官明，杨爱民，译．北京：北京大学出版社，2002.

［4］［美］蕾切尔·卡森．寂静的春天［M］．吕瑞兰，李长生，译．长春：吉林人民出版社，1997.

［5］［美］巴里·康芒纳．封闭的循环：自然、人和技术［M］．侯文蕙，译．长春：吉林人民出版社，1997.

［6］［德］丹尼尔·A．科尔曼．生态政治：建设一个绿色的社会［M］．梅俊杰，译．上海：上海译文出版社，2002.

[7] [美] 奥尔多·利奥波德. 沙乡年鉴 [M]. 侯文蕙，译. 长春：吉林人民出版社，1997.

[8] [美] 霍尔姆斯·罗尔斯顿. 哲学走向荒野 [M]. 刘耳，叶平，译. 长春：吉林人民出版社，2000.

[9] [美] 霍尔姆斯·罗尔斯顿. 环境伦理学——大自然的价值以及人对大自然的义务 [M]. 杨通进，译. 北京：中国社会科学出版社，2000.

[10] [美] 丹尼斯·米都斯. 增长的极限：罗马俱乐部关于人类困境的研究报告 [M]. 李宝恒，译. 长春：吉林人民出版社，1997.

[11] [英] 戴梦德·莫里斯. 裸猿 [M]. 刘文荣，译. 上海：文汇出版社，2003.

[12] [美] R. K. 默顿. 科学社会学 [M]. 鲁旭东，林聚任，译. 北京：商务印书馆，2003.

[13] [美] 纳什. 大自然的权利 [M]. 杨通进，译. 青岛：青岛出版社，1995.

[14] [美] 斯蒂芬·平克. 当下的启蒙：为理性主义、科学、人文主义和进步辩护 [M]. 侯新智，欧阳明亮，魏薇，译. 杭州：浙江人民出版社，2018.

[15] [美] 爱德华·O. 威尔逊. 论人的本性 [M]. 胡婧，译. 北京：新华出版社，2015.

[16] [美] 爱德华·O. 威尔逊. 知识大融通：21 世纪的科学与人文[M].梁锦鋆，译. 北京：中信出版社，2016.

[17] [美] 爱德华·O. 威尔逊. 生命的多样性 [M]. 王芷，唐佳青，王周，等译. 长沙：湖南科学技术出版社，2004.

[18] [美] 爱德华·O. 威尔逊. 生命的未来 [M]. 陈家宽，等

译．上海：上海人民出版社，2005.

**期　刊：**

［1］［美］菲利普·克莱顿．有机马克思主义与有机教育［J］．马克思主义与现实，2015（1）：74-77.

［2］王雨辰．论西方绿色思潮的生态文明观［J］．北京大学学报，2016（4）：17-26.

［3］郑慧子．生态文明建设需要关照的两类基础性问题［J］．河南大学学报（社会科学版），2017（1）：43-49.

［4］李胜辉．深生态学与人类中心主义［J］．云南社会科学，2014（5）：39-42.

## 二、英文文献：

**著作：**

［1］CALLENBACH E. *Living Cheaply With Style：Live Better and Spend Less*［M］. Berkeley：Ranin Publishing. 1993.

［2］CRUTZEN P. *The "Anthropocene"*［M］//Ehlers E，Krafft T. *Earth System Science in the Anthropocene*. Berlin：Springer，2006.

［3］DEVALL B，SESSIONS G. *Deep Ecology*.［M］//POJMAN L P，POJMAN P，MCSHANE K. *Environmental Ethics：Readings in Theory and Application*. Stanford：Cengage Learning，2017.

［4］DURNING A. *Asking How Much Is Enough*［M］//GOODWIN N，ACKERMAN F，KIRON D. *The Consumer Society*. Washington，D. C.：Island Press，1997.

[5] ELGIN D. *Voluntary Simplicity: Toward a Way of Life That Is Outwardly Simple, Inwardly Rich* [M]. New York: William Morrow, 1993.

[6] ETZIONI A. *Voluntary Simplicity: Characterization, Select Psychological Implications, and Societal Consequences* [M] //HODGSON B. *The Invisible Hand and the Common Good.* . Berlin: Springer, 2004.

[7] GOODWIN N. *Overview Essay* [M] //GOODWIN N, ACKERMAN F, KIRON D. *The Consumer Society.* Washington D. C.: Island Press, 1997.

[8] GRIGSBY M. *Buying Time and Getting by: The Voluntary Simplicity Movement* [M]. New York: State University of New York Press, 2004.

[9] HAMILTON C, BONNEUIL C, GEMENNE F. *Thinking the Anthropocene* [M] //HAMILTON C, BONNEUIL C, GEMENNE F. *The Anthropocene and the Global Environmental Crisis: Rethinking Modernity in a New Epoch.* London: Routledge, 2015.

[10] JAMES S. *An Introduction to Evolutionary Ethics* [M]. New York: Wiley-Blackwell, 2011.

[11] LEOPOLD A. *The Land Ethics* [M] //POJMAN L P, POJMAN P, MCSHANE K. *Environmental Ethics: Readings in Theory and Application.* Stanford: Cengage Learning, 2017.

[12] LIDDICK D R. *Eco-Terrorism: Radical Environmental and Animal Liberation Movements* [M]. Westport: Praeger Publishers, 2006.

[13] LOVELOCK J. *Gaia: A New Look at Life on Earth* [M]. Oxford: Oxford University Press, 1979.

[14] MERCHANT C. *Radical Ecology: The Search for a Livable World*

[M]. London: Routledge, 2005.

[15] NAESS A. *The Shallow and the Deep, Long-Range Ecological Movement* [M] //POJMAN L P, POJMAN P, MCSHANE K. *Environmental Ethics: Readings in Theory and Application*. Stanford: Cengage Learning, 2017.

[16] NAESS A, ECOSOPHY T. *Deep Versus Shallow Ecology* [M] // POJMAN L P, POJMAN P, MCSHANE K. *Environmental Ethics: Readings in Theory and Application*. Stanford: Cengage Learning, 2017.

[17] SANDLER R. *Environmental Virtue Ethics* [M] // LAFOLLETTE H. *The International Encyclopedia of Ethics*. Oxford: Blackwell Publishing Ltd, 2013.

[18] SCHWARZ A. *Dynamics in the Formation of Ecological Knowledge* [M] //SCHWARZ A, JAX K. *Ecology Revisited: Reflecting on Concepts*. Berlin: Springer, 2011.

[19] SHIKAZONO N. *Introduction to Earth and Planetary System Science* [M]. Berlin: Springer, 2012.

[20] STEFFEN A. *World Changing: A User's Guide for the 21st Century* [M]. New York: Abrams, 2006.

[21] STONE C. *Should Trees Have Standing: Law, Morality, and the Environment* [M]. Oxford: Oxford University Press, 2010.

[22] ANGUS I. *Facing the Anthropocene* [M]. New York: Monthly Review Press, 2016.

**期 刊:**

[1] CASTREE N. The Anthropocene and Geography I: the Back Story

[J]. *Geography Compass*, 2014 (8): 436-449.

[2] CRUTZEN P , STOERMER E. The "Anthropocene" [J]. *IGBP Newsletter*, 2000 (41): 17-18.

[3] ELLIS E. The Planet of No Return: Human Resilience on an Artificial Earth [J]. *Breakthrough Journal*, 2011 (2): 39-44.

[4] ELLIS E. Using the Planet [J]. *Global Change*, 2013 (81): 32-35.

[5] FRODEMAN R, JAMIESON D. The Future of Environmental Philosophy [J]. *Ethics & the Environment*, 2007, 12 (2): 117-118.

[6] GROFFMAN P, et al. Ecological Thresholds: the Key to Successful Environmental Management or An Important Concept with No Practical Application? [J]. *Ecosystems*, 2006 (9): 1-13.

[7] GUHA R. Radical American Environmentalism and Wilderness Preservation: A Third World Critique [J]. *Environmental Ethics*, 1989, 11 (1): 71-83.

[8] HAMILTON C. The Anthropocene as Rupture [J]. *The Anthropocene Review*, 2016, 3 (2): 93-106.

[9] LEWIS S, MASLIN M. Defining the Anthropocene [J]. *Nature*, 2015, 519 (7542): 171-180.

[10] ODUM E. The New Ecology [J]. *BioScience*, 1964, 14 (7): 14-16.

[11] ODUM E. The Emergence of Ecology as A New Integrative Discipline [J]. *Science*, 1977, 195 (4284): 1289-1293.

[12] RUDDIMAN W. The Anthropogenic Greenhouse Era Began Thousands of Years Ago [J]. *Climatic Change*, 2003, 61 (3): 261-293.

[13] STEFFEN W, et al. The Anthropocene: Are Humans Now Overwhelming the Great Forces of Nature [J]. *AMBIO: A Journal of the Human Environment*, 2007, 36 (8): 614-621.

[14] TANSLEY A G. The Use and Abuse of Vegetational Conceptsand Terms [J]. *Ecology*, 1935, 16 (3): 284-307.

[15] WATERS C, et al. The Anthropocene is Functionally and Stratigraphically Distinct from the Holocene [J]. *Science*, 2016, 351 (6269): aad2622.

[16] WHITE L. The Historical Roots of Our Ecologic Crisis [J]. *Science*, 1967, 155 (3767): 1203-1207.

[17] ZALASIEWICZ J, Williams M, et al. Are We Now Living in the Anthropocene? [J]. *GSA Today*, 2008, 18 (2): 4-8.

[18] ZALASIEWICZ J, et al. When Did the Anthropocene Begin? A Mid-Twentieth Century Boundary Level is Stratigraphically Optimal [J]. *Quaternary International*, 2015, 383: 196-203.

[19] ZALASIEWICZ J, et al. Colonization of the Americas, "Little Ice Age" Climate, and Bomb-Produced Carbon: Their Role in Defining the Anthropocene [J]. *The Anthropocene Review*, 2015 (2): 117-127.

# 后 记

本书写作的缘起可以追溯至2016年11月16—17日在山东曲阜举办的第四届尼山世界文明论坛。本届论坛的主题是“传统文化与生态文明——迈向绿色·简约的人类生活”。本人有幸参加了这次论坛，并萌生了从“绿色·简约”的角度来讨论生态危机和环境治理问题的想法。随后，结合本次论坛的精神，我查阅和研读了相关的研究资料，逐渐形成了一些相对系统和完整的观点。同年，我以这些观点为基础申请到了山东省社会科学规划重大项目——“生态哲学研究”。该项目的主要研究内容就是以“绿色·简约”为框架来分析生态危机的根源并提供相应的环境治理方案。本书就是该项目的最终研究成果。

虽然环境问题看似是个人人熟知，甚至被视为老生常谈的问题，但是我们在深入研究之后就会发现，要想从学理上对该问题提供一些具有启发性的答案并非易事。目前，学者们在生态危机的根源这个基础性的问题上尚未达成相对一致的意见。学者们在这一问题上的分歧又不可避免地导致了在环境治理政策和实践行动上的分歧。这些分歧不能得到有效解决，不仅会带来更多的理论纷争，而且也不利于实践行动的有序展开。有鉴于此，本书的主要研究内容就是分析和研判生态危机的根源，并在此基础上给出一种以“绿色·简约”为框架的应对方案。在进行这些理论探讨的过程中，我们不仅借助了环境哲学和环境政治学的相关思想，而且也吸收了生态科学和地球系统科学的最新研究成果，以期为我们的观点和理论提供相对坚实的哲学和科学基础。可以说，以生态科学的前沿成果为基础，以“绿色·简约”为框架是本书最突出的两个特色。

当然，本书中的观点不可能是尽善尽美的，其中必定存在着一些有待进一步完善和改进的地方。希望本书的出版能起到抛砖引玉之效，促成更多、更好的后续研究。至于书中提出的观点是否具有启发性，它们又是否解决了书中所提出的问题，还需要读者自己来判断。本书的写作由我和我的项目组成员李胜辉博士共同完成。在写作的过程中，我们的分工是：前言和第一、第二章由我本人完成，第三、第四、第五章及结语由李胜辉博士完成。

本书的出版首先要感谢山东大学人文社会科学青岛研究院莱布尼茨研究中心主任刘杰教授的大力支持，他在预定资助爽约的情况下给予了资金上的慷慨支持。其次，要感谢家人对我们的默默奉献和辛苦付出。

王华平

2021年6月21日